云丘山植物

闫　明　主编

科学出版社
北　京

内 容 简 介

云丘山位于山西省南部的吕梁山与汾渭地堑交汇处，是国家 AAAA 级旅游景区，素有“河汾第一名胜”的美誉。本书介绍了云丘山维管植物 500 个分类群，包含 476 种，4 亚种（subsp.），17 变种（var.），1 栽培变种（cv.），2 变型（f.），是作者多年来对云丘山植物的种类、资源及其分布进行全面的调查和梳理总结，为云丘山植物科学价值的整体评价及其社会经济价值提供第一手材料，也为云丘山的自然资源提供了生物学方面的直接证据；同时，也给云丘山的生物多样性研究和生物地理区系研究、生态评价、风景区旅游规划与管理规划等提供了理论依据。

本书丰富的植物学专业知识，搭配清晰的植物照片，图文并茂，系统翔实，具有一定的理论与应用价值。尤其对于植物分类学爱好者、生态学野外调查者、专业的户外运动者，以及一切需要在野外对植物进行识别的工作者而言，本书都会成为您忠实的帮手。

图书在版编目（CIP）数据

云丘山植物 / 闫明主编. —北京：科学出版社，2017.12
ISBN 978-7-03-054990-7

Ⅰ. ①云… Ⅱ. ①闫… Ⅲ. ①山－植物志－乡宁县 Ⅳ. ①Q948.522.54
中国版本图书馆 CIP 数据核字（2017）第 262062 号

责任编辑：席 慧 / 责任校对：杜子昂
责任印制：肖 兴 / 封面设计：迷底书装

科学出版社出版
北京东黄城根北街 16 号
邮政编码：100717
http://www.sciencep.com

北京汇瑞嘉合文化发展有限公司 印刷
科学出版社发行 各地新华书店经销
*
2017 年 12 月第 一 版 开本：787 × 1092 1/16
2017 年 12 月第一次印刷 印张：18 1/2
字数：438 000

定价：188.00 元

（如有印装质量问题，我社负责调换）

《云丘山植物》编委会

主　编　闫　明（山西师范大学）

副主编　梁金太（临汾市园林事业局）

梁林峰（山西省林业调查规划院）

编　委（按姓氏汉语拼音排序）

毕润成（山西师范大学）

丁献华（临汾职业技术学院）

梁金太（临汾市园林事业局）

梁林峰（山西省林业调查规划院）

闫　明（山西师范大学）

闫桂琴（山西师范大学）

张恒山（乡宁县云丘山旅游开发有限责任公司）

张钦弟（山西师范大学）

赵海军（山西五鹿山国家级自然保护区管理局）

云丘山景区导览图
北
南
玉皇顶
三官洞
心形池
一线天
圣母崖
崖壁栈道
游仙湖
滑道
游船
水上拓展
云海神龟
葫芦潭
桃花源
八宝食府
窑洞大院
康家坪
烈士纪念碑
八宝宫
停八宝宫车场
康家坪酒吧
云圣快捷酒店
伏羲岭
土地庙
休息区
停康家车场坪
祖师顶
蜡台
三天门
二天门
一天门
缆车
玉莲洞
滑草
塔尔坡
CS野战
五龙宫
龙池
客运中心
中和广场
美咱啦餐厅
售票处
住宿接待
入口
出口
停车场
水上城堡乐园
摩托越野
琪尔康度假村
求子灵池
神仙峪
停塔尔车场坡
神泉
水库
儿童乐园
神塔
二号冰洞
一号冰洞
温馨提示：
1. 云丘山为自然保护区，严禁吸烟、使用明火
2. 敬请文明祭祀和游览，自觉保护环境和古迹
3. 请保管好个人财物，照管好儿童、老人
4. 请遵守游览秩序，自觉服从服务人员引导
出入口 GATEWAY
售票处 TICKET ACTION
游客中心 VISITOR CENTER
停车场 STOP PARKINGS
游览车 TOUR BUS
博物馆 MUSEUM
观景台 LOOK OUT
医疗站 HEALTH POSTS
卫生间 TOILET
餐厅 RESTAURANT
宾馆 HOTEL
商店 SHOP
寄存处 STORAGE
酒吧 BAR
银行 BANK
自驾路线：侯禹高速稷山出口往"西社一范家庄一云丘山"方向
服务热线：0357-6034567　网址：www.yunqiushan.cn

前　言

云丘山地处吕梁山南段，位于乡宁县、稷山县和新绛县三县交界，属于吕梁山脉姑射山系，主要以石灰岩地貌为主，是临汾盆地和吕梁山脉南段地带相结合的部位，地理坐标为 35° 44′ 39.5″～35° 45′ 50.0″ N、110° 59′ 32.30″～111° 01′ 39.0″ E，海拔在 690～1580 米，最高海拔与最低海拔之间相差 890 米。云丘山气候属于暖温带大陆性季风气候，该地四季分明，春季多风，气候干旱，昼夜温差相对较大；夏季天气炎热，雨量相对集中，多在 6～9 月份，占全年降水量的 82%；秋季气候温凉，多东南风，阴雨天气频繁；冬季寒冷干燥，多西北风。云丘山年平均气温 9.9℃，一月的平均气温零下 4.6℃，七月的平均气温 21℃，温度在最热和最冷时气温相差 25.6℃。最高气温 35℃，最低气温零下 19.8℃，10℃以上的年积温为 3326.9℃，全年日照平均时数共计 2000 小时，其中无霜期年均值约为 150 天，年平均降水量为 570 毫米。

云丘山风景区总面积 210 平方千米，其复杂的地形地貌和多样的生态环境，为众多的生物提供了系统发育和生长繁衍的场所，森林植被类型多样，植物种类繁多，植物区系复杂，为开展生物多样性研究提供了优越的条件。云丘山植被属于暖温带天然次生植被类型，呈现明显的垂直分布格局，海拔在 1100 米以下的低山和沟谷中主要分布着酸枣（*Ziziphus jujuba* var. *spinosa*）和荆条（*Vitex negundo* var. *heterophylla*）等灌丛；海拔在 1100～1300 米的阳坡和半阳坡上主要分布着橿子栎（*Quercus baronii*）灌木林，同时伴有鹅耳枥（*Carpinus turczaninowii*）、毛黄栌（*Cotinus coggygria* var. *pubescens*）和侧柏（*Platycladus orientalis*）；海拔在 1300～1570 米主要分布着以辽东栎（*Quercus wutaishanica*）为主的落叶阔叶林。此外，还生长着黄刺玫（*Rosa xanthina*）、连翘（*Forsythia suspensa*）、胡枝子（*Lespedeza bicolor*）等灌丛植被。

本区植物列入《国家林业局第二次全国重点保护野生植物资源名录》物种 3 种——胡桃（*Juglans regia*）、胡桃楸（*Juglans mandshurica*）、紫椴（*Tilia amurensis*）；列入《山西省人民政府公布的山西省重点保护野生植物名录》物种 9 种——翅果油树（*Elaeagnus mollis*）、矮牡丹（*Paeonia suffruticosa* var. *spontanea*）、四照花（*Dendrobenthamia japonica* var. *chinensis*）、漆（*Toxicodendron vernicifluum*）、膀胱果（*Staphylea holocarpa*）、文冠果（*Xanthoceras sorbifolium*）、软枣猕猴桃（*Actinidia arguta*）、刺楸（*Kalopanax septemlobus*）、流苏树（*Chionanthus retusus*）。

由于云丘山的动植物种类复杂、数量繁多，长期以来一直作为山西师范大学生命科学学院的植物学、动物学和生态学的野外实习基地，为当地的科研和教育事业做出了贡献。作者经过多年的野外教学实践，将积累的大量植物图片整理成册，希望能够对植物学研究者、植物学爱好者和普通游客提供一些有价值的参考。

经过两年多的辛苦工作，在本书付梓之际，特别要感谢山西师范大学的毕润成教授和闫桂琴教授提供的技术指导和经费资助；感谢各位编委对本书付出的心血；感谢科学出版社席慧编辑团队严谨的编审工作；感谢山西师范大学 2016 级研究生闫亚楠、段凝、高学敏、楼宇东和 2013 级本科生刘宇星、黄燕妩等年轻朋友的无私奉献。

编　者

2017 年 6 月 30 日

使用说明

本书的检索系统采用目录树形式的逐级查找方法，按照生活型把植物分为三种类型：木本植物、藤本植物和草本植物。其中，①木本植物按照叶形的不同分为三类：裸子植物的叶较窄或较小，为针叶或鳞叶；被子植物的叶较宽阔的分为单叶和复叶。②藤本植物不再作下级区分。③草本植物按照花色分为七类，由于蕨类植物没有花的结构，禾草状植物没有明显的花色区分，列于最后。

本书中的科采用以下植物分类系统：蕨类植物按照秦仁昌（1978）的系统；裸子植物按照郑万钧《中国植物志》第七卷的系统；被子植物按照恩格勒（1964）的系统。为了便于读者比较，本书尽量把一些相似的、容易混淆的植物放在一起，并在书后附有植物拉丁学名和中文名索引，以及对应的恩格勒系统介绍和相关的植物学术语图解。

木本植物

（1-5）…………………………………………………………………………… 针叶或鳞叶

(6-50)、（52-56）、（59-62）、65、（67-81）、（83-97）、（100-115）、120、（149-150）… 单叶

51、（57-58）、（63-64）、66、82、（98-99）、（116-119）、（121-148）、（151-152）…… 复叶

藤本植物

（153-186）、（188-190）……………………………………………………………… 藤本植物

草本植物

(191-211)、（213-220）、（222-223）、225、228、（234-239）、（241-247）、（249-253）、（255-257）、259、300、328、377 …………………………………… 花黄色或淡黄色

187、（226-227）、229、248、258、（264-272）、（274-276）、（283-291）、293、（295-298）、（301-302）、（308-309）、（311-312）、314、（320-322）、（326-327）、335、（339-340）、351、（405-406）、410 ……………………………………………… 花白色

212、221、224、（230-233）、240、254、（261-263）、273、（277-282）、292、294、299、（303-307）、310、313、（315-319）、（323-325）、（329-334）、（336-338）、（341-350）、（352-376）、378、（380-398）、（400-404）、407 ……………………………………………花紫色或近紫色（紫红色、淡紫色、粉红色或蓝色）

408 …………………………………………………………………………… 花红色或橙红色

260、379、399、409、（411-446）……………………………………………………… 花绿色

（447-455）…………………………………………………………………………… 花被不明显

（456-464）…………………………………………………………………………… 蕨类植物

（465-500）…………………………………………………………………………… 禾草状植物

注：以上数字均为植物序号。

目　　录

1 油松（*Pinus tabuliformis*）　松科 Pinaceae　松属 *Pinus*

形态特征：树皮裂成不规则较厚的鳞状块片，针叶2针一束，粗硬，长10～15厘米，雄球花圆柱形，长1.2～1.8厘米，球果有短梗，种鳞、鳞盾横脊显著，鳞脐凸起有尖刺，花期4～5月，球果第二年10月成熟。**识别要点：**叶鞘宿存，内含两个维管束种鳞的鳞脐背生，种子具膜质长翅。**用途与价值：**建筑、家具，花粉止血燥湿。**生境：**海拔1600～2600米的地带。**山西省分布：**太岳山、五台山、吕梁山等。**云丘山分布：**东交口村附近。

2 白皮松（*Pinus bungeana*）　松科 Pinaceae　松属 *Pinus*

形态特征：树皮裂成不规则的鳞状块片脱落，白褐相间成斑鳞状，针叶3针一束，粗硬，长5～10厘米，球果单生，长5～7厘米，径4～6厘米，种鳞鳞盾有横脊，鳞脐三角状，顶端有刺，种翅长约5毫米，花期4～5月，球果第二年10～11月成熟。**识别要点：**种子有短翅，树干上有乳白色或灰绿色花斑和片状脱落的树皮。**用途与价值：**文具、家具，球果入药，止咳、化痰、平喘。**生境：**海拔500～1800米的地带。**山西省分布：**中条山、太岳山等。**云丘山分布：**安汾村附近。

3 雪松（*Cedrus deodara*） 松科 Pinaceae 雪松属 *Cedrus*

形态特征：树皮裂成不规则的鳞状块片，一年生叶针形，坚硬，稀背脊明显，球果顶端圆钝，有短梗，种鳞扇状倒三角形，苞鳞短小。识别要点：球果第二年成熟，成熟后种鳞自宿存的中轴上脱落。用途与价值：庭园观赏树木。生境：海拔 1300～3300 米的地带。山西省分布：太原市、晋中市、临汾市、长治市、运城市、晋城市等。云丘山分布：中和广场附近。

4 侧柏（*Platycladus orientalis*） 柏科 Cupressaceae 侧柏属 *Platycladus*

形态特征：树皮薄，叶鳞形，球果成熟后木质，开裂，种鳞稀退化而不显著，种子顶端微尖，稍有棱脊，花期 3～4 月，球果 10 月成熟。识别要点：生叶小枝排成一平面，鳞叶枝扁平，球果种鳞木质，熟时开裂。用途与价值：种子入药，滋补、安神，北方重要的造林和庭院绿化树种。生境：海拔 800～1300 米的阳坡。山西省分布：太原市天龙山、太行山。云丘山分布：云圣快捷酒店、崖壁栈道、祖师顶和三天门周边。

5 圆柏（*Sabina chinensis*） 柏科 Cupressaceae 圆柏属 *Sabina*

形态特征： 树皮纵裂，裂成不规则的薄片脱落，叶二型，即刺叶及鳞叶，鳞叶三叶轮生，近披针形，刺叶三叶交互轮生，披针形，球果近圆球形，径 6～8 毫米，子叶条形。**识别要点：** 乔木，球果近球形，生于直伸的鳞叶枝顶端。**用途与价值：** 室内装修，叶入药。**生境：** 中性土、钙质土及微酸性土上。**山西省分布：** 全省各地广泛栽培。**云丘山分布：** 东红花坪、红花坪和八宝宫附近。

6 黑弹树（*Celtis bungeana*） 榆科 Ulmaceae 朴属 *Celtis*

形态特征： 鳞片无毛，叶厚纸质，叶柄有沟槽，果单生，叶腋近球形，花期 4～5 月，果期 9～10 月。**识别要点：** 核果单生叶腋，黑紫色。**用途与价值：** 制器具，树干入药，祛痰、止咳。**生境：** 海拔 150～2300 米的路旁、山坡、灌丛或林边。**山西省分布：** 永济市、夏县、垣曲县等。**云丘山分布：** 烈士纪念碑及西红花坪附近。

7 大叶朴（*Celtis koraiensis*）　榆科 Ulmaceae　朴属 *Celtis*

形态特征：树皮浅微裂，鳞片具棕色柔毛，叶边缘具粗锯齿，果单生叶腋，梗长1.5～2.5 厘米，花期 4～5 月，果期 9～10 月。**识别要点：**叶先端深裂，中间具长尾状尖，核果径约 1 厘米。**用途与价值：**枝皮纤维作人造棉，造纸原料，供制肥皂或润滑油。**生境：**海拔 600～1600 米的山坡、沟谷林。**山西省分布：**夏县泗郊、绛县横岭关、蒲县五鹿山、霍州市陶唐峪等。**云丘山分布：**崖壁栈道附近。

8 榆树（*Ulmus pumila*）　榆科 Ulmaceae　榆属 *Ulmus*

形态特征：树皮不规则深纵裂，粗糙，叶先端渐尖或长渐尖，边缘具重锯齿或单锯齿，花去年生枝的叶腋成簇生状，花期 3～4 月，果期 4～5 月。**识别要点：**叶侧脉 9～16 对，翅果长 1.2～1.5 厘米。**用途与价值：**树皮和果实入药，油食用或制肥皂。**生境：**海拔 1000～2500 米的山坡、山谷、川地、丘陵及沙岗等处。**山西省分布：**各地均有分布。**云丘山分布：**坂尔上村、康家坪古村和八宝宫附近。

9 大果榆（*Ulmus macrocarpa*） 榆科 Ulmaceae　榆属 *Ulmus*

形态特征：树皮纵裂，粗糙，芽鳞边缘有毛，叶厚革质，先端短尾状，稀骤凸，边缘具大而浅钝的重锯齿，或兼有单锯齿，果梗长 2～4 毫米，花期 4～5 月。**识别要点：**叶两面粗糙，幼枝具木栓质翅，果较大，长 2.5～3.5 厘米，常有毛。**用途与价值：**果实入药，驱虫、祛痰利尿。**生境：**海拔 1000～1600 米的山坡、谷地、台地、黄土丘陵、固定沙丘及岩缝中。**山西省分布：**中条山、吕梁山、五台山等。**云丘山分布：**红花坪附近。

10 大果榉（*Zelkova sinica*） 榆科 Ulmaceae　榉属 *Zelkova*

形态特征：树皮呈块状剥落，叶先端渐尖、尾状渐尖，稀急尖，边缘具浅圆齿状或圆齿状锯齿，核果不规则的倒卵状球形，花期 4～5 月，果期 10 月。**识别要点：**果无翅，坚果上部歪斜。**用途与价值：**造船、桥梁，茎皮纤维为人造棉的原料。**生境：**海拔 800～2500 米的山谷、溪旁及较湿润的山坡疏林中。**山西省分布：**芮城县、阳城县蟒河镇和横河镇、黎城县等。**云丘山分布：**塔尔坡古村、烈士纪念碑和玉皇顶附近。

11 桑（*Morus alba*） 桑科 Moraceae 桑属 *Morus*

形态特征：芽鳞覆瓦状排列，叶边缘锯齿粗钝，托叶披针形，花单性，腋生或生于芽鳞腋内，聚花果卵状椭圆形，长1～2.5厘米，花期4月，果期6～7月。**识别要点：**叶上面有光泽，下面脉腋有簇毛，花柱不明显。**用途与价值：**桑葚酿酒，根皮、叶、果入药，消肺热。**生境：**土层较深、湿润、肥沃土壤。**山西省分布：**夏县、沁水县、阳城县等。**云丘山分布：**塔尔坡古村和善人沟周边。

12 蒙桑（*Morus mongolica*） 桑科 Moraceae 桑属 *Morus*

形态特征：树皮纵裂，叶长椭圆状卵形，边缘具三角形单锯齿，稀为重锯齿，聚花果长1.5厘米，花期4～5月，果期6～7月。**识别要点：**芽红褐色，叶缘锯齿具刺芒状。**用途与价值：**桑葚食用、酿酒，根皮、叶、果入药，消肺热、祛风湿。**生境：**海拔800～1500米的山地或林中。**山西省分布：**中条山区阳城县杨柏村和孔才村、太行山、关帝山等。**云丘山分布：**善人沟附近。

13 构树（*Broussonetia papyrifera*） 桑科 Moraceae 构属 *Broussonetia*

形态特征：叶螺旋状排列，边缘具粗锯齿，托叶大，卵形，狭渐尖，苞片披针形，聚花果直径 1.5～3 厘米，花期 5～6 月，果期 8～9 月。识别要点：雄花序为柔荑花序，雌花为序状花序，聚花果球形。用途与价值：乳汁治皮藓，果为补肾利尿药，根皮利尿、强筋骨。生境：野生或村庄附近的荒地、田园及沟旁。山西省分布：临汾市翼城县、运城市芮城县、永济市、曲沃县、临猗县、夏县等。云丘山分布：圣母崖和崖壁栈道附近。

14 辽东栎（*Quercus wutaishanica*） 壳斗科 Fagaceae 栎属 *Quercus*

形态特征：树皮纵裂，叶顶端圆钝或短渐尖，叶缘有 5～7 对圆齿，壳斗浅杯形，坚果卵形至卵状椭圆形，果脐微突起，直径约 5 毫米，花期 5 月，果期 9～10 月。识别要点：叶柄短，长不及 1 厘米，壳斗苞片不具瘤状突起。用途与价值：建筑、器具、车轴，叶及壳斗提制栲胶。生境：阳坡、半阳坡。山西省分布：霍州市、中条山区绛县、阳城县、吕梁山等。云丘山分布：一线天附近。

15 橿子栎（*Quercus baronii*）　壳斗科 Fagaceae　栎属 *Quercus*

形态特征：叶片卵状披针形，叶缘 1/3 以上有锐锯齿，壳斗杯形，包着坚果 1/2～2/3，果脐微突起，花期 4 月，果期翌年 9 月。**识别要点：**半常绿小乔木，叶片卵状披针形，长 3～6 厘米。**用途与价值：**车辆、家具的材料，叶及壳斗提制栲胶。**生境：**海拔 600～1500 米的山坡、山谷杂木林中，石灰岩山地。**山西省分布：**中条山区沁水县、阳城县蟒河国家级自然保护区后大河沟等。**云丘山分布：**崖壁栈道、一线天和玉皇顶附近。

16 槲树（*Quercus dentata*）　壳斗科 Fagaceae　栎属 *Quercus*

形态特征：树皮深纵裂，叶顶端短钝尖，叶缘波状裂片或粗锯齿，托叶线状披针形，长 1.5 厘米，壳斗杯形，包着坚果 1/2～1/3，苞片革质，窄披针形，坚果有宿存花柱，花期 4～5 月，果期 9～10 月。**识别要点：**壳斗苞片窄披针形，向外反卷，叶长至 30 厘米，叶柄长 2～5 毫米。**用途与价值：**枕木、桩木，叶及壳斗提制栲胶，叶饲养蚕。**生境：**海拔 1100～1500 米的杂木林或松林中。**山西省分布：**中条山区平陆县三门乡、夏县、绛县、灵丘县等。**云丘山分布：**一线天和心形池周边。

17 北京槲栎（*Quercus aliena* var. *pekingensis*） 壳斗科 Fagaceae 栎属 *Quercus*

形态特征：树皮深纵裂，芽鳞具缘毛，叶缘具波状钝齿，壳斗杯形，包着坚果约1/2，果脐微突起，花期4～5月，果期9～10月。**识别要点：**叶柄显著，长1～3厘米。**用途与价值：**坑木、枕木、船舱、车辆、军工。**生境：**海拔200～1850米的山坡或杂木林中。**山西省分布：**中条山区垣曲县天盘山、绛县陈村峪、阳城县等。**云丘山分布：**崖壁栈道、一线天和玉皇顶周边。

18 榛（*Corylus heterophylla*） 桦木科 Betulaceae 榛属 *Corylus*

形态特征：叶中央具三角状突尖，边缘具不规则的重锯齿，果单生或2～6枚簇生成头状，果苞钟状，坚果近球形。**识别要点：**总苞钟状，略长于坚果，在果实上部张开，密被短柔毛，叶先端近截形，中央有突尖。**用途与价值：**果仁食用，榨油、树皮、叶和总苞提取栲胶。**生境：**海拔1100～2200米的山地阴坡灌丛中。**山西省分布：**霍州市、五台县门限石乡、沁源县、夏县、晋城市陵川县西闸水村和阳城县松树村等。**云丘山分布：**玉皇顶和土地庙附近。

19 毛榛（*Corylus mandshurica*） 桦木科 Betulaceae 榛属 *Corylus*

形态特征：叶宽卵形，顶端骤尖或尾状，中部以上具浅裂或缺刻，叶柄细瘦，果单生或2～6枚簇生。**识别要点：**总苞长管状，全包坚果，密生黄色刚毛，在果实上部收缩成管状，叶先端骤尖。**用途与价值：**种子食用。**生境：**海拔1400～2500米的山坡灌丛中或林下。**山西省分布：**浑源县晋家庄村和大西门沟村、五台县金岗库村等。**云丘山分布：**云圣快捷酒店附近。

20 虎榛子（*Ostryopsis davidiana*） 桦木科 Betulaceae 虎榛子属 *Ostryopsis*

形态特征：芽卵状，具覆瓦状排列的芽鳞，叶边缘具重锯齿，中部以上具浅裂，苞鳞宽卵形，果4枚至多枚排成总状，果梗短果苞厚纸质，小坚果具细肋。**识别要点：**果为小坚果，全部为果苞所包，果苞囊状，雄蕊花药的药室不分离，顶端无毛。**用途与价值：**种子榨油制肥皂，树皮、树叶提取单宁，枝条用于编织。**生境：**海拔1300～2100米的山坡。**山西省分布：**天镇县黄家峪、繁峙县宽滩、灵丘县等。**云丘山分布：**善人沟和黄金峪周边。

21 鹅耳枥（*Carpinus turczaninowii*） 桦木科 Betulaceae　鹅耳枥属 *Carpinus*

形态特征：树皮浅纵裂，叶顶端锐尖或渐尖，边缘具规则或不规则的重锯齿，果序长 3～5 厘米，小坚果宽卵形，长约 3 毫米。**识别要点：**叶为重锯齿。**用途与价值：**农具、家具、日用小器具，种子榨油制肥皂。**生境：**海拔 780～1850 米的山坡或山谷林中。**山西省分布：**五台县白杨沟、沁源县灵空山、陵川县、夏县等。**云丘山分布：**玉皇顶、三官洞和土地庙附近。

22 白桦（*Betula platyphylla*） 桦木科 Betulaceae　桦木属 *Betula*

形态特征：树皮成层剥裂，叶厚纸质，边缘具重锯齿，叶柄细瘦，无毛，果序单生，果苞背面密被短柔毛至成熟时毛渐脱落，边缘具短纤毛，小坚果背面疏被短柔毛。**识别要点：**枝条暗灰色或暗褐色，无毛，具或疏或密的树脂腺体或无。**用途与价值：**建筑、器具等，树皮提桦油。**生境：**海拔 400～4100 米的山坡或林中。**山西省分布：** 浑源县、五台县、沁源县等。云丘山分布：土地庙附近。

23 坚桦（*Betula chinensis*） 桦木科 Betulaceae 桦木属 *Betula*

形态特征： 树皮纵裂或不开裂，叶厚纸质，边缘具不规则的齿牙状锯齿，果序单生，果苞长 5～9 毫米，小坚果宽倒卵形，长 2～3 毫米。**识别要点：** 灌木或小乔木，果翅极狭，果序近球形。**用途与价值：** 车轴、杵槌树，树皮干馏制取桦皮焦油。**生境：** 1700 米以下的山坡、山脊、石山坡及沟谷等的林中。**山西省分布：** 太行山区五台县秀峰村、吕梁山等。**云丘山分布：** 康家坪古村和八宝食府周边。

24 水榆花楸（*Sorbus alnifolia*） 蔷薇科 Rosaceae 花楸属 *Sorbus*

形态特征： 冬芽卵形，先端急尖，叶边缘有不整齐的尖锐重锯齿，复伞房花序较疏松，萼筒钟状，萼片三角形，果实椭圆形或卵形，花期 5 月，果期 8～10 月。**识别要点：** 灌叶片下面无毛或仅在脉腋间具短柔毛。**用途与价值：** 观赏树。**生境：** 海拔 1140 米的山坡、山沟或山顶混交林或灌木丛中。**山西省分布：** 中条山区沁水县下川乡涧河村前沙马沟、吕梁山等。**云丘山分布：** 玉皇顶附近。

25 毛白杨（*Populus tomentosa*） 杨柳科 Salicaceae 杨属 *Populus*

形态特征：树皮纵裂，芽卵形，长枝叶边缘深齿牙缘或波状齿牙缘，短枝叶具深波状齿牙缘，苞片尖裂，花期 3 月，果期 4～5 月。**识别要点：**叶基常有二腺点，长枝叶背面具密绒毛，不脱落。**用途与价值：**建筑、家具，庭园和四旁绿化树种。**生境：**海拔 1500 米以下的平原地区。**山西省分布：**全省各地广泛栽培。**云丘山分布：**康家坪古村和八宝食府周边。

26 加杨（*Populus × canadensis*） 杨柳科 Salicaceae 杨属 *Populus*

形态特征：树皮深沟裂，叶边缘半透明，苞片丝状深裂，果序长达 27 厘米，蒴果卵圆形，长约 8 毫米，花期 4 月，果期 5～6 月。**识别要点：**短枝叶三角形或三角状卵形。**用途与价值：**造纸原料，纤维工业原料，火柴盒、农具、包装箱等。**生境：**肥沃湿润的壤土、沙壤土。**山西省分布：**全省各地广泛栽培。**云丘山分布：**康家坪古村和八宝食府附近。

27 小叶杨（*Populus simonii*） 杨柳科 Salicaceae 杨属 *Populus*

形态特征：树皮沟裂，树冠近圆形，叶边缘平整，细锯齿，无毛，花序轴无毛，苞片细裂，蒴果小，花期 3～5 月，果期 4～6 月。**识别要点：**芽细长，先端长渐尖，褐色，有黏质。**用途与价值：**建筑、家具、造纸，祛风活血、清热利湿。**生境：**海拔 2000 米以下地区，最高可达 2500 米。**山西省分布：**全省各地。云丘山分布：黄金峪附近。

28 山杨（*Populus davidiana*） 杨柳科 Salicaceae 杨属 *Populus*

形态特征：老树基部黑色粗糙，树冠圆形，叶柄侧扁，花序轴有疏毛或密毛，苞片棕褐色，掌状条裂，边缘有密长毛，花期 3～4 月，果期 4～5 月。**识别要点：**芽卵形或卵圆形，无毛。**用途与价值：**树皮药用或提取栲胶，造纸、建筑。**生境：**山坡、山脊和沟谷地带。**山西省分布：**吕梁山、太行山等。**云丘山分布：**土地庙周边。

29 旱柳（*Salix matsudana*） 杨柳科 Salicaceae 柳属 *Salix*

形态特征：树皮有裂沟，叶披针形，有细腺锯齿缘，托叶披针形或缺，边缘有细腺锯齿，苞片卵形，果序长达 2（2.5）厘米，花期 4 月，果期 4～5 月。**识别要点**：小枝直或斜展，叶通常中部最宽。**用途与价值**：树皮提取栲胶，编织。**生境**：海拔 2000 米以下地区。**山西省分布**：全省各地广泛栽培。**云丘山分布**：云圣快捷酒店附近。

30 垂柳（*Salix babylonica*） 杨柳科 Salicaceae 柳属 *Salix*

形态特征：树皮不规则开裂，芽线形，叶锯齿缘，花序有短梗，苞片披针形，蒴果长 3～4 毫米，花期 3～4 月，果期 4～5 月。**识别要点**：小枝下垂，叶通常下部最宽。**用途与价值**：器具，树皮提取栲胶，枝、根治筋骨痛及牙龈肿痛，叶、花、果治恶疮等症。**生境**：水湿地，也能生于干旱处。**山西省分布**：全省各地广泛栽培。**云丘山分布**：求子灵池附近。

31 中国黄花柳（*Salix sinica*） 杨柳科 Salicaceae 柳属 *Salix*

形态特征：当年生幼枝有柔毛，后无毛，叶柄有毛，托叶半卵形至近肾形，子房狭圆锥形，苞片椭圆状披针形，蒴果线状圆锥形，果柄与苞片几等长，花期4月下旬，果期5月下旬。**识别要点：**叶常有皱纹，下面常被绒毛，边缘有不规整的牙齿。**用途与价值：**观赏树种。**生境：**山坡或林中。**山西省分布：**全省各地广泛栽培。**云丘山分布：**土地庙周边。

32 沙梾（*Swida bretschneideri*） 山茱萸科 Cornaceae 梾木属 *Swida*

形态特征：冬芽狭长形，长3～9毫米，叶对生，伞房状聚伞花序顶生，总花梗细圆柱形，长2～4.4厘米，花柱圆柱形，花梗细圆柱形，核骨质有几条不明显的条纹，花期6～7月，果期8～9月。**识别要点：**枝黄绿色或微带红色，叶卵圆形至长圆形，下面灰白色被白色贴生短柔毛，花序被灰白色短柔毛。**用途与价值：**叶和树皮提取丹宁，工业用材。**生境：**海拔1100～2300米的杂木林内或灌丛中。**山西省分布：**太行山区的武乡县板山、中条山区的沁水县下川乡、吕梁山区的关帝山庞泉沟、八道沟等。**云丘山分布：**葫芦潭和圣母崖附近。

33 毛梾（*Swida walteri*） 山茱萸科 Cornaceae 梾木属 *Swida*

形态特征：树皮纵裂而又横裂成块状，叶对生，伞房状聚伞花序顶生，花瓣4，长圆披针形，核果球形，核骨质，扁圆球形，有不明显的肋纹，花期5月，果期9月。**识别要点：**叶长椭圆形至椭圆形下面被较粗的贴生短柔毛，叶柄长3.5厘米，花萼裂片与花盘近等长。**用途与价值：**果榨油食用或工业用油，叶和树皮提取栲胶，黄土高原经济林造林及“四旁”绿化物种。**生境：**海拔300～1800米地区。**山西省分布：**中条山区的沁水县东峡、阳城县蟒河国家级自然保护区树皮沟和后大河沟、夏县泗郊等。**云丘山分布：**游仙湖附近。

34 红椋子（*Swida hemsleyi*） 山茱萸科 Cornaceae 梾木属 *Swida*

形态特征：幼枝略有四棱，被贴生短柔毛，老枝无毛，冬芽顶生和腋生，叶对生，纸质，卵状椭圆形，伞房状聚伞花序顶生，花柱圆柱形，柱头盘状扁头形，核果近于球形，核骨质，扁球形，有不明显的肋纹8条，花期6月，果期9月。**识别要点：**枝红色或红褐色，叶卵状椭圆形，下面灰绿色，花序被浅褐色短柔毛。**用途与价值：**种子榨油供工业用。**生境：**海拔1350～3700米的溪边或杂木林中。**山西省分布：**阳高县六棱山和云门山榆树沟、五台县门限石乡、灵丘县等。**云丘山分布：**黄金峪和圣母崖周边。

35 四照花（*Dendrobenthamia japonica* var. *chinensis*）

山茱萸科 Cornaceae　四照花属 *Dendrobenthamia*

形态特征：叶对生，纸质或厚纸质，边缘全缘或有明显的细齿，叶柄细圆柱形，长5～10毫米，头状花序球形，由40～50朵花聚集而成，花小，花萼管状，上部4裂，果序球形，总果梗纤细，花期5～6月，果期9～10月。识别要点：头状花序，总苞片大，白色，曾花瓣状，果实为聚合状核果，球形或扁球形。用途与价值：果味甜食用及酿酒。生境：海拔600～2200米的森林中。山西省分布：中条山区垣曲县、夏县、平陆县和绛县，乡宁县关王庙乡东沟村。云丘山分布：玉皇顶附近。

36 楸（*Catalpa bungei*）紫葳科 Bignoniaceae　梓属 *Catalpa*

形态特征：叶顶端长渐尖，叶柄长2～8厘米，顶生伞房状总状花序，花萼蕾时圆球形，2唇开裂，蒴果线形，种子狭长椭圆形，花期6～8月，果期7～9月。识别要点：叶三角状卵形状，叶背无毛，花序少花。用途与价值：花提取芳香油，种子入药，治热毒及疥疮，利尿。生境：海拔750～1200米的山坡。山西省分布：夏县、稷山县、阳城县等。云丘山分布：黄金峪、客运中心和康家坪古村附近。

37 梓（*Catalpa ovata*）紫葳科 Bignoniaceae　梓属 *Catalpa*

形态特征：树冠伞形，主干通直，嫩枝具稀疏柔毛，叶全缘或浅波状，常 3 浅裂，顶生圆锥花序，花冠钟状，子房上位，棒状，花柱丝形，柱头 2 裂，蒴果线形，种子长椭圆形。**识别要点：**花黄白色，蒴果果爿宽 4～5 毫米，种子小。**用途与价值：**种子入药，解毒、利尿、止吐，治肾脏病。**生境：**海拔 500～2500 米。**山西省分布：**太原市、大同市、运城市等。**云丘山分布：**康家坪停车场、云圣快捷酒店和中和广场周边。

38 兰考泡桐（*Paulownia elongata*）玄参科 Scrophulariaceae　泡桐属 *Paulownia*

形态特征：树冠宽圆锥形，小枝褐色，叶片通常卵状心脏形，花序金字塔形或狭圆锥形，萼倒圆锥形，分裂至 1/3 左右成 5 枚卵状三角形的齿，花期 4～5 月，果期秋季。**识别要点：**有凸起的皮孔，花冠漏斗状钟形，紫色至粉白色，蒴果卵形。**用途与价值：**可雕刻、制乐器，叶和花饲猪、羊，全株消炎、止咳和降血压。**生境：**平原、农田、村前屋后。**山西省分布：**太原市、临汾市、运城市等。**云丘山分布：**客运中心、云圣快捷酒店、红花坪、坂尔上村、康家坪古村。

39 光泡桐（*Paulownia tomentosa* var. *tsinlingensis*）

玄参科 Scrophulariaceae 泡桐属 *Paulownia*

形态特征：树皮平滑，枝干多扭曲，叶互生或有时对生，纸质，花淡红色或紫色、白色，花萼外面平滑无棱，种子有翅，花期 6～9 月，果期 9～12 月。**识别要点：**叶顶端短尖或钝形，有时微凹，无毛或下面沿中脉有微柔毛，叶片基部圆形至浅心脏形，成熟叶片下面无毛或毛极稀疏。**用途与价值：**止血、祛风、解毒、消肿。**生境：**海拔 1800 米左右地区。**山西省分布：**太原市、乡宁县、稷山县。**云丘山分布：**丁石村、马璧峪、东交口村和安汾村周边。

40 卫矛（*Euonymus alatus*） 卫矛科 Celastraceae 卫矛属 *Euonymus*

形态特征：小枝常具 2～4 列宽阔木栓翅，芽鳞边缘具不整齐细坚齿，聚伞花序 1～3 花，萼片半圆形，花瓣近圆形，蒴果 1～4 深裂，裂瓣椭圆状，花期 5～6 月，果期 9～10 月。**识别要点：**叶两面无毛。**用途与价值：**树皮、根、叶提取硬橡胶，种子油供工业用，根、木栓质翅、细枝入药。**生境：**海拔 1300～2150 米的山坡、沟地边沿。**山西省分布：**霍州市、芮城县、垣曲县、陵川县、夏县等。**云丘山分布：**一线天附近。

41 冻绿（*Rhamnus utilis*） 鼠李科 Rhamnaceae 鼠李属 *Rhamnus*

形态特征：枝端常具针刺，腋芽小，长2～3毫米，有数个鳞片，叶纸质，边缘具细锯齿或圆齿状锯齿，叶柄长0.5～1.5厘米，上面具小沟，托叶披针形，花单性，种子背侧基部有短沟，花期4～6月，果期5～9月。**识别要点：**幼枝和当年生枝无毛，叶柄上面被疏微毛或近无毛，花梗无毛。**用途与价值：**种子榨油，作润滑油，果实和叶作绿色染料。**生境：**海拔700～2100米的山地、丘陵、山坡草丛、灌丛或疏林下。**山西省分布：**五台县、交城县关帝山、沁源县、垣曲县等。**云丘山分布：**一线天、心形池和三官洞附近。

42 卵叶鼠李（*Rhamnus bungeana*） 鼠李科 Rhamnaceae 鼠李属 *Rhamnus*

形态特征：叶对生或近对生，顶端钝或短尖，边缘具细圆齿，侧脉每边2～3条，有不明显的网脉，花小，单性，花梗有微柔毛，花柱2浅裂或半裂，果梗长2～4毫米，有微毛，种子卵圆形，背面有长为种子4/5的纵沟，花期4～5月，果期6～9月。**识别要点：**叶纸质，卵形或卵状披针形，下面干时变黄色，沿脉或脉腋被白色短柔毛，种子背面具宽沟。**用途与价值：**叶及树皮可染布。**生境：**海拔1000～1500米的山坡向阳处或灌丛中。**山西省分布：**晋城市、垣曲县、翼城县、乡宁县等。**云丘山分布：**红花坪、云圣快捷酒店附近。

PLANTS OF YUNQIU MOUNTAIN

43 小叶鼠李（*Rhamnus parvifolia*） 鼠李科 Rhamnaceae　鼠李属 *Rhamnus*

形态特征：芽卵形，鳞片数个，叶纸质，顶端钝尖或近圆形，稀突尖，边缘具圆齿状细锯齿，花单性，通常数个簇生于短枝上，核果倒卵状球形，直径 4～5 毫米，成熟时黑色，花期 4～6 月，果期 7～9 月。**识别要点：**叶厚纸质，菱状倒卵形或菱状椭圆形，背面干时灰白色，脉腋窝孔内被疏短柔毛，种子背侧具狭沟。**用途与价值：**防砂水保树种。**生境：**海拔 900～1600 米的向阳山坡、草丛或灌丛中。**山西省分布：**浑源县大磁窑镇沙梁沟、山阴县、太岳山七里峪、灵丘县等。**云丘山分布：**红花坪、云圣快捷酒店附近。

44 锐齿鼠李（*Rhamnus arguta*） 鼠李科 Rhamnaceae　鼠李属 *Rhamnus*

形态特征：鳞片边缘具缘毛，叶在短枝上簇生，边缘具密锐锯齿，花单性，4 基数，具花瓣，核果球形或倒卵状球形，具 3～4 个分核，种子背面具长为种子 4/5 或全长的纵沟，花期 4～5 月，果期 7～9 月。**识别要点：**叶两面和叶柄均无毛。**用途与价值：**种子榨油，作润滑油，茎叶及种子作杀虫剂。**生境：**海拔 780～1650 米的山坡灌丛中。**山西省分布：**五台县、平鲁县、灵丘县等。**云丘山分布：**玉皇顶周边。

45 紫丁香（*Syringa oblata*） 木犀科 Oleaceae 丁香属 *Syringa*

形态特征：小枝较粗，叶片先端短凸尖至长渐尖或锐尖，萌枝上叶片常呈长卵形，先端渐尖，叶柄长 1～3 厘米，圆锥花序直立，小枝较粗，叶片先端短凸尖至长渐尖或锐尖，先端渐尖，叶柄长 1～3 厘米，圆锥花序直立。识别要点：叶广卵形，宽大于长，基部亚心形。用途与价值：嫩叶代茶用，花提取芳香油，枝干可制作农具、器具。生境：海拔 1350～2000 米的山坡丛林、山沟溪边、山谷路旁及滩地水边。山西省分布：太原市阳曲县、永济市、绛县等。云丘山分布：土地庙、善人沟、琪尔康度假村附近。

46 巧玲花（*Syringa pubescens*） 木犀科 Oleaceae 丁香属 *Syringa*

形态特征：小枝带四棱形，叶缘具睫毛，叶柄长 0.5～2 厘米，细弱，无毛或被柔毛，圆锥花序直立，通常由侧芽抽生，稀顶生，花序轴明显四棱形，花冠管细弱，近圆柱形裂片展开或反折，果通常为长椭圆形，花期 5～6 月，果期 6～8 月。识别要点：花序轴、花梗、花萼无毛，花序梗近四棱形，花紫色或淡紫色。用途与价值：花提制芳香油，茎入药。生境：海拔 940～1800 米的山坡、山谷灌丛中或河边沟旁。山西省分布：太原市天龙山、五台县门限石乡、沁源县灵空山等。云丘山分布：土地庙和祖师顶附近。

47 小叶巧玲花（*Syringa pubescens* subsp. *microphylla*）

木犀科 Oleaceae　　丁香属 *Syringa*

形态特征：小枝近圆柱形，叶缘具睫毛，叶柄长 0.5～2 厘米，细弱，圆锥花序直立，通常由侧芽抽生，稀顶生，花序轴近圆柱形，花梗短，花冠管近圆柱形，果通常为长椭圆形，花期 5～6 月，果期 7～9 月。**识别要点：**花萼具微柔毛，花序轴近圆柱形。**用途与价值：**花提制芳香油，园林观赏树种。**生境：**海拔 1450～2100 米的山坡、山谷灌丛中或河边沟旁。**山西省分布：**永济市、晋城市、垣曲县、临县等。**云丘山分布：**土地庙、祖师顶、三天门、二天门和一天门附近。

48 牛奶子（*Elaeagnus umbellata*） 胡颓子科 Elaeagnaceae　胡颓子属 *Elaeagnus*

形态特征：落叶直立灌木，小枝甚开展，多分枝，叶边缘全缘或皱卷至波状，叶柄白色，长 5～7 毫米，花单生或成对生于幼叶腋，萼筒圆筒状漏斗形，稀圆筒形，果实近球形或卵圆形，长 5～7 毫米，果梗直立，粗壮，长 4～10 毫米，花期 4～5 月，果期 7～8 月。**识别要点：**小灌木，果实多汁，卵圆形，长 5～7 毫米。**用途与价值：**叶制土农药用以杀棉蚜虫，果实、根、叶入药。**生境：**海拔 1100～1600 米的向阳的林缘、灌丛中，荒坡上和沟边。**山西省分布：**太原市天龙山、吕梁市离石区、中阳县等。**云丘山分布：**康家坪古村周边。

49 翅果油树（*Elaeagnus mollis*） 胡颓子科 Elaeagnaceae 胡颓子属 *Elaeagnus*

形态特征：幼枝密被灰绿色星状绒毛和鳞片，老枝绒毛和鳞片脱落，芽球形，叶纸质，稀膜质，叶柄半圆形，长 6～10（～15）毫米，花药椭圆形，花柱直立，果实具明显的八棱脊，翅状，果肉棉质，果核纺锤形，花期 4～5 月，果期 8～9 月。**识别要点：**果实干棉质，具明显的棱脊，翅状多毛，叶片下面密被星状柔毛。**用途与价值：**种子油食用和药用，亦可作肥料，木材可制作家具。**生境：**海拔 800～1500 米的阳坡和半阴坡的山沟谷地和潮湿地区。**山西省分布：**河津市、乡宁县、翼城县等。**云丘山分布：**云圣快捷酒店、八宝宫、塔尔坡古村和琪尔康度假村附近。

50 连翘（*Forsythia suspensa*） 木犀科 Oleaceae 连翘属 *Forsythia*

形态特征：小枝略呈四棱形，叶通常为单叶，或 3 裂至三出复叶，花通常单生或 2 至数朵着生于叶腋，花萼先端钝或锐尖，边缘具睫毛，果先端喙状渐尖，表面疏生皮孔，果梗长 0.7～1.5 厘米，花期 3～4 月，果期 7～8 月。**识别要点：**花黄色，花冠裂片明显长于花冠管，枝中空或具片状髓，叶缘常有齿。**用途与价值：**果实入药，清热解毒、散结消肿、利尿通经。**生境：**海拔 1060～2000 米的山坡灌丛、林下或草丛中，或山谷、山沟疏林中。**山西省分布：**沁源县灵空山、乡宁县、蒲县等。**云丘山分布：**全山。

51 迎春花（*Jasminum nudiflorum*） 木犀科 Oleaceae 素馨属 *Jasminum*

形态特征：棱上多少具狭翼，叶对生，三出复叶，小枝基部常具单叶，叶缘反卷，顶生小叶片较大，花单生于去年生小枝的叶腋，稀生于小枝顶端，苞片小叶状，花梗长2～3毫米，花萼窄披针形，花冠管长0.8～2厘米，裂片5～6枚，花期3～4月。**识别要点：**叶脱落，为羽状3小叶，花先叶开放，花黄色。**用途与价值：**叶、花药用，叶解毒消肿、止血、止痛，花清热利尿、解毒。**生境：**海拔800～2000米的山坡灌丛中。**山西省分布：**太原市、临汾市、运城市等。**云丘山分布：**塔尔坡古村和康家坪停车场附近。

52 君迁子（*Diospyros lotus*） 柿科 Ebenaceae 柿属 *Diospyros*

形态特征：树皮深裂或不规则的厚块状剥落，冬芽狭卵形，叶柄长7～15（18）毫米，有时有短柔毛，上面有沟，花萼钟形，花药披针形，果近球形或椭圆形，直径1～2厘米，常被有白色薄蜡层，种子长圆形，侧扁，花期5月，果期10月。**识别要点：**小枝及叶具灰色毛，花冠外面无毛，果小，直径1.5厘米，暗褐色或带黄色。**用途与价值：**果生吃或酿酒、制醋，果实中维生素C提取供医用。**生境：**海拔850～1250米的山地、山坡、山谷的灌丛中，或在林缘。**山西省分布：**五台县、沁水县、阳城县等。**云丘山分布：**塔尔坡停车场和塔尔坡古村附近。

53 柿（*Diospyros kaki*）　柿科 Ebenaceae　柿属 *Diospyros*

形态特征：树皮沟纹较密，裂成长方块状，枝开展，冬芽小，卵形，叶纸质，叶柄上面有浅槽，花序腋生，为聚伞花序，花萼钟状，萼管近球状钟形，肉质，花冠壶形或近钟形，较花萼短小，花冠管近四棱形，花期 6～7 月，果期 8～10 月。**识别要点：**小枝及叶具褐色毛，花冠外面有毛，果大，直径 3.5～7 厘米，橙黄色至淡红色。**用途与价值：**果实作柿饼，柿饼糖霜入药，柿漆药用。**生境：**海拔 800～1140 米的山坡及住宅旁。**山西省分布：**永济市、夏县、垣曲县等。**云丘山分布：**康家坪停车场、塔尔坡停车场和塔尔坡古村附近。

54 雀儿舌头（*Leptopus chinensis*）　大戟科 Euphorbiaceae　雀舌木属 *Leptopus*

形态特征：茎上部和小枝条具棱，叶片顶端钝或急尖，叶柄长 2～8 毫米，托叶小，卵状三角形，边缘被睫毛，花小，单生或 2～4 朵簇生于叶腋，花瓣白色，匙形，蒴果圆球形或扁球形，直径 6～8 毫米，花期 5～7 月，果期 7～9 月。**识别要点：**半灌木，叶基部圆形，具花瓣，雄花 1～3 簇生。**用途与价值：**水土保持林优良的林下植物，叶可制作杀虫农药。**生境：**海拔 500～1000 米的山地灌丛、林缘、路旁、岩崖或石缝中。**山西省分布：**太原市天龙山、五台县、乡宁县等。**云丘山分布：**圣母崖和崖壁栈道附近。

55 一叶萩（*Flueggea suffruticosa*） 大戟科 Euphorbiaceae 白饭树属 *Flueggea*

形态特征：多分枝，小枝近圆柱形，托叶卵状披针形，花小，簇生于叶腋，萼片通常5，叶全缘或具不明显的细齿，蒴果三棱状扁球形，直径约5毫米，有网纹，3爿裂，种子卵形而一侧扁压状，长约3毫米，花期6~7月，果期8~9月。**识别要点：**灌木，无花瓣，雄花多处簇生，花梗短。**用途与价值：**叶、花药用，茎皮纤维供纺织用。**生境：**海拔800~2500米地区。**山西省分布：**朔州市、晋城市、浑源县、五台县等。**云丘山分布：**土地庙附近。

56 刺楸（*Kalopanax septemlobus*） 五加科 Araliaceae 刺楸属 *Kalopanax*

形态特征：小枝散生粗刺，叶片纸质，在短枝上簇生，边缘有细锯齿，放射状主脉5~7条，两面均明显，伞形花序直径1~2.5厘米，有花多数，总花梗细长，果实球形，宿存花柱长2毫米，花期7~9月，果期8~10月。**识别要点：**叶5~7浅裂，枝具刺。**用途与价值：**树皮提制栲胶，根皮及枝入药，清热祛痰，收敛镇痛。**生境：**阳性森林、灌木林中和林缘，水湿丰富、腐殖质较多的密林，向阳山坡，岩质山地。**山西省分布：**沁源县、阳城县、夏县等。**云丘山分布：**崖壁栈道附近。

57 楤木（*Aralia chinensis*）　五加科 Araliaceae　楤木属 *Aralia*

形态特征：树皮疏生粗壮直刺，叶为二回或三回羽状复叶，托叶与叶柄基部合生，纸质，耳廓形，圆锥花序大，伞形花序直径 1～1.5 厘米，苞片锥形，花白色，萼无毛，宿存花柱长 1.5 毫米，离生或合生至中部，花期 7～8 月，果期 8～10 月。**识别要点：**叶为羽状复叶。**用途与价值：**根皮入药，有活血散瘀、止痛之效，治胃痛、胃溃疡。**生境：**海拔 600～1700 米的森林、灌丛或林缘路边。**山西省分布：**中条山区阳城县、垣曲县、陵川县等。**云丘山分布：**圣母崖附近。

58 无梗五加（*Acanthopanax sessiliflorus*）　五加科 Araliaceae　五加属 *Acanthopanax*

形态特征：树皮有纵裂纹和粒状裂纹，叶边缘有不整齐锯齿，头状花序紧密，球形，总花梗长 0.5～3 厘米，密生短柔毛，花无梗，果实倒卵状椭圆球形，花期 8～9 月，果期 9～10 月。**识别要点：**花柱合生成柱状，仅柱头离生，头状花序组成圆锥花序或复伞形花序。**用途与价值：**祛风化湿强筋壮骨，根皮制“五加皮”药酒。**生境：**海拔 1000 米以上的森林或灌丛中。**山西省分布：**五台县东峪村。**云丘山分布：**一线天附近。

59 元宝槭（*Acer truncatum*） 槭树科 Aceraceae 槭属 *Acer*

形态特征：树皮深纵裂，冬芽小，卵圆形，鳞片锐尖，外侧微被短柔毛，叶侧脉在上面微显著，在下面显著，花盘微裂，翅果常成下垂的伞房果序，小坚果压扁状，花期4月，果期5～8月。**识别要点：**果翅与小坚果近等长，叶基截形，稀近心形。**用途与价值：**庭院及行道绿化较好的栽培树种。**生境：**海拔680～1500米的疏林中。**山西省分布：**阳高县、五台县、灵丘县、中阳县等。**云丘山分布：**玉莲洞和游仙湖附近。

60 色木槭（*Acer mono*） 槭树科 Aceraceae 槭属 *Acer*

形态特征：树皮常纵裂，冬芽近于球形，鳞片卵形，外侧无毛，边缘具纤毛，叶全缘，裂片间的凹缺常锐尖，花多数，杂性，翅果嫩时紫绿色，成熟时淡黄色，小坚果压扁状，花期5～6月，果期8～9月。**识别要点：**果翅长约为小坚果的2倍，叶基通常为心形。**用途与价值：**树皮纤维作人造棉及造纸的原料，种子榨油供工业用油，建筑用材。**生境：**海拔1000～1700米的山坡或山谷疏林中。**山西省分布：**五台县、阳曲县、沁源县灵空山等。**云丘山分布：**玉莲洞和游仙湖附近。

61 茶条槭（*Acer ginnala*）　槭树科 Aceraceae　槭属 *Acer*

形态特征：树皮微纵裂，小枝细瘦，近于圆柱形，无毛，叶纸质，基部圆形，伞房花序长 6 厘米，无毛，具多数的花，花梗细瘦，果实黄绿色或黄褐色，小坚果嫩时被长柔毛，脉纹显著，花期 4～5 月，果期 8～9 月。**识别要点：**叶常 3～5 浅裂或不裂，边缘具重锯齿。**用途与价值：**嫩叶可代替茶叶作为饮料，降血压。**生境：**海拔 900～1700 米的丛林中。**山西省分布：**关帝山、阳曲县、太岳山等。**云丘山分布：**水库附近。

62 葛萝槭（*Acer grosseri*）　槭树科 Aceraceae　槭属 *Acer*

形态特征：叶纸质，卵形，边缘具密而尖锐的重锯齿，基部近于心脏形，花单性，常成细瘦下垂的总状花序，花梗长 3～4 毫米，花期 4～5 月，果期 7～9 月。**识别要点：**叶柄长 2～3 厘米。**用途与价值：**绿化树种。**生境：**海拔 1000～1800 米的疏林中。**山西省分布：**太岳山、中条山、垣曲县等。**云丘山分布：**三号缆车周边。

63 皂荚（*Gleditsia sinensis*） 豆科 Leguminosae 皂荚属 *Gleditsia*

形态特征：刺粗壮，圆柱形，常分枝，多呈圆锥状，叶为一回羽状复叶，卵状披针形至长圆形，花杂性，黄白色，组成总状花序，荚果带状，果瓣革质，常被白色粉霜，种子长圆形或椭圆形，花期5～6月，果期10月。**识别要点：**荚果不扭转，枝刺圆柱形。**用途与价值：**枝干可制作车辆、家具用材，荚果可代替肥皂，枝刺入药，消肿排脓。**生境：**海拔0～2500米的山坡林中或谷地、路旁。**山西省分布：**太原市、临汾市、长治市等。**云丘山分布：**玉莲洞和游仙湖附近。

64 山皂荚（*Gleditsia japonica*） 豆科 Leguminosae 皂荚属 *Gleditsia*

形态特征：刺略扁，粗壮，叶为一回或二回羽状复叶，花序腋生或顶生，萼片3～4，三角状披针形，荚果带形，扁平，不规则旋扭或弯曲作镰刀状，先端具长5～15毫米的喙，种子多数，椭圆形，花期4～6月，果期6～11月。**识别要点：**荚果扭转，枝刺扁平。**用途与价值：**洗涤，作染料，种子入药，建筑用材。**生境：**海拔100～1000米的向阳山坡或谷地、溪边路旁。**山西省分布：**太原市、太谷县等。**云丘山分布：**神仙峪附近。

65 瓜木（*Alangium platanifolium*） 八角枫科 Alangiaceae 八角枫属 *Alangium*

形态特征：树皮平滑，小枝纤细，近圆柱形，鳞片三角状卵形，覆瓦状排列，叶顶端钝尖，边缘呈波状或钝锯齿状，聚伞花序生叶腋，花萼近钟形，裂片三角形核果长卵圆形，顶端有宿存的花萼裂片，花期3～7月，果期7～9月。**识别要点：**叶片近圆形，不分裂或分裂，核果长卵圆形。**用途与价值：**树皮含鞣质，纤维作人造棉，根叶药用，治风湿。**生境：**海拔2000米以下土质比较疏松而肥沃的向阳山坡或疏林中。**山西省分布：**晋城市、夏县、浑源县等。**云丘山分布：**一线天周边。

66 膀胱果（*Staphylea holocarpa*） 省沽油科 Staphyleaceae 省沽油属 *Staphylea*

形态特征：小叶近革质，无毛，长圆状披针形至狭卵形，上面淡白色，边缘有硬细锯齿，广展的伞房花序，果为3裂、梨形膨大的蒴果，种子近椭圆形。**识别要点：**顶生小叶柄长，长1.5～4厘米，蒴果3裂。**用途与价值：**种子油作工业用油。**生境：**海拔700～1800米的山区杂木林中。**山西省分布：**太岳山区霍州市、乡宁县、中条山区夏县等。**云丘山分布：**圣母崖、崖壁栈道、一线天和心形池周边。

67 毛黄栌（*Cotinus coggygria* var. *pubescens*） 漆树科 Anacardiaceae 黄栌属 *Cotinus*

形态特征：叶多为阔椭圆形，稀圆形，全缘，叶背尤其沿脉上和叶柄密被柔毛，圆锥花序无毛或近无毛，花杂性，花萼无毛，裂片卵状三角形，果肾形。**识别要点：**小枝有短柔毛，叶下面中肋及脉上密生短柔毛，叶片近圆形，叶背，尤脉上和叶柄被柔毛，花序无毛或近无毛。**用途与价值：**枝叶入药，消炎、清湿热，叶、树皮提取栲胶。**生境：**海拔940～1500米的山坡林中。**山西省分布：**娄烦县、沁源县、乡宁县等。**云丘山分布：**康家坪停车场、葫芦潭、土地庙、祖师顶、三天门和二天门附近。

68 酸枣（*Ziziphus jujuba* var. *spinosa*） 鼠李科 Rhamnaceae 枣属 *Ziziphus*

形态特征：短枝短粗，矩状，当年生小枝绿色，下垂，单生或2～7个簇生于短枝上，叶边缘具圆齿状锯齿，花黄绿色，两性，短总花梗，单生或2～8个密集成腋生聚伞花序，核果小，花期6～7月，果期8～10月。**识别要点：**花序轴在结果时不为肉质，植株具刺，托叶成刺状。**用途与价值：**果皮健脾，提维生素C或酿酒，种仁或根镇静安神，核枣制活性炭。**生境：**向阳、干燥山坡、丘陵、岗地或平原。**山西省分布：**太原市、临汾市、运城市、长治市、晋城市。**云丘山分布：**云圣快捷酒店和坂尔上村周边。

69 少脉雀梅藤（*Sageretia paucicostata*） 鼠李科 Rhamnaceae 雀梅藤属 *Sageretia*

形态特征：小枝刺状，对生或近对生，叶纸质，互生或近对生，边缘具钩状细锯齿，花单生或 2～3 个簇生，排成疏散穗状或穗状圆锥花序，常生于侧枝顶端或小枝上部叶腋，花轴无毛，花药圆形，花期 5～9 月，果期 7～10 月。**识别要点：**花无梗或近无梗，排成穗状花序，顶生或兼腋生，叶近对生。**用途与价值：**农具。**生境：**山坡或山谷灌丛或疏林中。**山西省分布：**长治市、晋城市、五台县、灵丘县、娄烦县等。**云丘山分布：**神仙峪、黄金峪和云圣快捷酒店附近。

70 紫椴（*Tilia amurensis*） 椴树科 Tiliaceae 椴树属 *Tilia*

形态特征：叶阔卵形或卵圆形，脉腋内有毛丛，侧脉 4～5 对，边缘有锯齿，聚伞花序长 3～5 厘米，纤细，无毛，苞片狭带形，萼片阔披针形，果实卵圆形，长 5～8 毫米，被星状茸毛，有棱或有不明显的棱，花期 6～7 月。**识别要点：**花无退化雄蕊，果球形或椭圆形，表面具棱或不明显。**用途与价值：**树皮纤维代麻，种子榨油，花药用，发汗、镇静及解热。**生境：**生阴坡疏林中。**山西省分布：**太岳山、太原市。**云丘山分布：**玉皇顶和土地庙周边。

71 少脉椴（*Tilia paucicostata*） 椴树科 Tiliaceae 椴树属 *Tilia*

形态特征：叶薄革质，卵圆形，脉腋有毛丛，边缘有细锯齿，聚伞花序长4～8厘米，萼片狭窄倒披针形，萼片长卵形，长4毫米，外面无星状柔毛，果实倒卵形。**识别要点：**叶阔卵形或卵形，无裂片，边缘锯齿较整齐，果球形或梨形，表面无棱，先端圆。**用途与价值：**家具、建筑，树皮纤维代麻，制人造棉。**生境：**海拔800～1600米的灌丛中。**山西省分布：**太原市、介休市、稷山县、垣曲县等。**云丘山分布：**玉皇顶和土地庙周边。

72 东陵绣球（*Hydrangea bretschneideri*） 虎耳草科 Saxifragaceae 绣球属 *Hydrangea*

形态特征：树皮常呈薄片状剥落，叶边缘有具硬尖头的锯形小齿或粗齿，伞房状聚伞花序较短小，顶端截平或微拱，孕性花萼筒杯状，花瓣白色，卵状披针形或长圆形，蒴果卵球形，花期6月，果期8月。**识别要点：**花序边缘为不孕花，中间为结实的两性花。**用途与价值：**观赏。**生境：**海拔1280～1800米的山谷溪边或山坡密林或疏林中。**山西省分布：**五台县门限石乡、中阳县、灵石县等。**云丘山分布：**三官洞周边。

73 毛萼山梅花（*Philadelphus dasycalyx*）

虎耳草科 Saxifragaceae 山梅花属 *Philadelphus*

形态特征：叶边缘具锯齿，花枝上叶无毛或有时上面疏被糙伏毛，下面无毛，总状花序，花萼外面密被灰白色直立长柔毛，萼裂片卵形，花柱先端稍分裂，柱头棒形，蒴果倒卵形，花期 5～6 月，果期 6～9 月。**识别要点：**花萼上有长柔毛，叶光滑。**用途与价值：**绿化观赏植物。**生境：**海拔 1120～2140 米的针叶林中或灌丛中。**山西省分布：**太原市、灵石县、阳曲县、芦芽山等。**云丘山分布：**康家坪古村、葫芦潭和游仙湖周边。

74 大花溲疏（*Deutzia grandiflora*） 虎耳草科 Saxifragaceae 溲疏属 *Deutzia*

形态特征：叶纸质，边缘具大小相间或不整齐锯齿，聚伞花序，具花（1～）2～3 朵，花蕾长圆形，萼筒浅杯状，花药卵状长圆形，具短柄，蒴果半球形，被星状毛，具宿存萼裂片外弯，花期 4～5 月，果期 9～11 月。**识别要点：**叶下面白色，密被星状短绒毛，毛有 7～9 条辐射线。**用途与价值：**庭院观赏。**生境：**海拔 800～1600 米的山坡、山谷和路旁灌丛中。**山西省分布：**太原市、五台县、阳曲县、沁源县等。**云丘山分布：**游仙湖和三官洞附近。

75 钩齿溲疏（*Deutzia hamata*） 虎耳草科 Saxifragaceae 溲疏属 *Deutzia*

形态特征：花枝具棱，被星状毛，叶边缘具不整齐或大小相间锯齿，聚伞花序，具2～3花或花单生，花蕾长圆形，花药长圆形，具柄，蒴果半球形，密被星状毛，具宿存的萼裂片外弯，花期5月，果8～9月。**识别要点：**叶下面淡绿色，有稀疏星状毛或近无毛，毛有4～7条辐射线，萼片披针形。**用途与价值：**观赏。**生境：**海拔620～1670米的山坡灌丛中。**山西省分布：**沁水县、垣曲县、阳城县等。**云丘山分布：**三官洞和土地庙周边。

76 东北茶藨子（*Ribes mandshuricum*） 虎耳草科 Saxifragaceae 茶藨子属 *Ribes*

形态特征：皮纵向或长条状剥落，叶宽大，边缘具不整齐粗锐锯齿或重锯齿，叶柄长4～7厘米，具短柔毛，花两性，苞片小，卵圆形，花瓣近匙形，果实球形，花期5月，果期7～8月。**识别要点：**叶下面密被短柔毛。**用途与价值：**食用或酿造。**生境：**海拔300～1800米的山坡或山谷针、阔叶混交林下或杂木林内。**山西省分布：**沁源县、中阳县、蒲县等。**云丘山分布：**崖壁栈道、一线天和土地庙周边。

77 水栒子（*Cotoneaster multiflorus*） 蔷薇科 Rosaceae 栒子属 *Cotoneaster*

形态特征： 枝条细瘦，常呈弓形弯曲，小枝圆柱形，叶片卵形或宽卵形，上面无毛，托叶线形，疏生柔毛，脱落，聚伞花序，苞片线形，花瓣平展，近圆形，果实近球形或倒卵形，花期 5～6 月，果期 8～9 月。**识别要点：** 花梗和萼筒均无毛，花瓣基部有一簇柔毛。**用途与价值：** 花及果供观赏，矮化苹果的良化砧木。**生境：** 海拔 1000 米左右的沟谷、山坡杂木林中。**山西省分布：** 大同市、太原市、天镇县细巴沟村、绛县等。**云丘山分布：** 云圣快捷酒店、康家坪古村、一线天、三官洞和土地庙周边。

78 西北栒子（*Cotoneaster zabelii*） 蔷薇科 Rosaceae 栒子属 *Cotoneaster*

形态特征： 枝条细瘦开张，小枝圆柱形，叶片椭圆形至卵形，全缘，上面具稀疏柔毛，下面密被带黄色或带灰色绒毛，花 3～13 朵成下垂聚伞花序，花瓣直立，果实倒卵形至卵球形，花期 5～6 月，果期 8～9 月。**识别要点：** 花梗和萼筒均无毛，花瓣基部有一簇柔毛。**用途与价值：** 花及果供观赏。**生境：** 海拔 1500～1800 米的石灰岩山地、山坡阴处、沟谷边、灌木丛中。**山西省分布：** 大同市、太原市、临汾市、晋城市、绛县等。**云丘山分布：** 黄金峪、云圣快捷酒店、康家坪古村、三官洞和土地庙周边。

79 灰栒子（*Cotoneaster acutifolius*） 蔷薇科 Rosaceae　栒子属 *Cotoneaster*

形态特征：枝条开张，叶柄具短柔毛，托叶线状披针形，脱落，花 2～5 朵成聚伞花序，苞片线状披针形，微具柔毛，花柱通常 2，离生，花期 5～6 月，果期 9～10 月。**识别要点：**萼片三角形，先端急尖或稍钝，外面具短柔毛，内面先端微具柔毛。**用途与价值：**枝叶及果实入药。**生境：**海拔 1400～3700 米的山坡、山麓、山沟及丛林中。**山西省分布：**太原市天龙山、原平县云中山等。**云丘山分布：**三号缆车、一线天、心形池、三官洞和土地庙 。

80 三裂绣线菊（*Spiraea trilobata*） 蔷薇科 Rosaceae　绣线菊属 *Spiraea*

形态特征：小枝细瘦，开展，稍呈“之”字形弯曲，叶片近圆形，伞形花序具总梗，无毛，苞片线形或倒披针形，萼片三角形，内面具稀疏短柔毛，蓇葖果开张，仅沿腹缝微具短柔毛或无毛，花期 5～6 月，果期 7～8 月。**识别要点：**叶片近球形，先端 3 裂，叶基部圆形至亚心形，雄蕊明显短于花瓣。**用途与价值：**庭园观赏，根茎含单宁。**生境：**海拔 600～2100 米的多岩石向阳坡地或灌木丛中。**山西省分布：**五台山、洪洞县、芮城县等。**云丘山分布：**黄金峪、云圣快捷酒店、康家坪古村、善人沟和红花坪周边。

81 土庄绣线菊（*Spiraea pubescens*） 蔷薇科 Rosaceae　绣线菊属 *Spiraea*

形态特征：小枝开展，稍弯曲，叶片菱状卵形至椭圆形，边缘自中部以上有深刻锯齿，有时 3 裂，伞形花序具总梗，萼片卵状三角形，蓇葖果开张，仅在腹缝微被短柔毛，花柱顶生，花期 5～6 月，果期 7～8 月。**识别要点：**叶下有毛，叶菱状卵圆形至椭圆形，雄蕊长或等于花瓣。**用途与价值：**根、果实入药，调气、止痛，配置绿篱。**生境：**海拔 1000～2200 米的干燥岩石坡地、向阳或半阴处、杂木林内。**山西省分布：**浑源县、宁武县、五台县等。**云丘山分布：**黄金峪、云圣快捷酒店、一线天、崖壁栈道和土地庙附近。

82 华北珍珠梅（*Sorbaria kirilowii*） 蔷薇科 Rosaceae　珍珠梅属 *Sorbaria*

形态特征：枝条开展，小枝圆柱形，羽状复叶，小叶片对生，披针形至长圆披针形，边缘有尖锐重锯齿，托叶膜质，线状披针形，顶生大型密集的圆锥花序，苞片线状披针形，蓇葖果长圆柱形，果梗直立，花期 5～7 月，果期 8～9 月。**识别要点：**羽状复叶，心皮 5，基部合生，具托叶。**用途与价值：**观赏。**生境：**海拔 1400 米以下的山坡阳处、杂木林中。**山西省分布：**中条山区的沁水县、芮城县、垣曲县等。**云丘山分布：**黄金峪、云圣快捷酒店和善人沟周边。

83 桃（*Amygdalus persica*） 蔷薇科 Rosaceae 桃属 *Amygdalus*

形态特征：树冠宽广而平展，树皮老时粗糙呈鳞片状，冬芽圆锥形，外被短柔毛，叶边具细锯齿或粗锯齿，叶柄粗壮，花单生，果梗短而深入果洼，花期4～5月，果实成熟期因品种而异，通常为6～9月。**识别要点：**萼筒被短柔毛，芽密被白色绒毛，叶片中部以上最宽，核两侧扁平，顶端渐尖。**用途与价值：**核仁活血、散瘀，花利尿、通便、消肿。**生境：**山坡、山谷沟底。**山西省分布：**太原市、阳曲县等。**云丘山分布：**塔尔坡古村、康家坪古村和桃花源周边。

84 山桃（*Amygdalus davidiana*） 蔷薇科 Rosaceae 桃属 *Amygdalus*

形态特征：叶片卵状披针形，花单生，萼筒钟形，果实近球形，核球形或近球形，两侧不压扁，花期4～5月，果期7～8月。**识别要点：**萼筒无毛，芽紫褐色，无毛，叶片近基部最宽，果实及核近球形。**用途与价值：**幼苗作砧木，种仁榨油，制肥皂、润滑油，入药。**生境：**海拔800～1800米的山坡、山谷沟底或荒野疏林及灌丛内。**山西省分布：**太原市、太岳山等。**云丘山分布：**安汾村和伏羲岭附近。

85 杏（*Armeniaca vulgaris*）　蔷薇科 Rosaceae　杏属 *Armeniaca*

形态特征：树皮纵裂，叶片先端急尖至短渐尖，花单生，花梗短，花瓣圆形至倒卵形，果实球形，稀倒卵形，果肉多汁，成熟时不开裂，花期 3～4 月，果期 6～7 月。**识别要点：**乔木，叶先端短尾尖，边缘具圆钝锯齿，核基部常对称。**用途与价值：**果实生食或制杏脯、杏干。**生境：**海拔 3000 米以下的地区。**山西省分布：**全省各地广泛栽培。**云丘山分布：**塔尔坡古村和康家坪古村周边。

86 野杏（*Armeniaca vulgaris* var. *ansu*）　蔷薇科 Rosaceae　杏属 *Armeniaca*

形态特征：树皮纵裂，叶边有圆钝锯齿，两面无毛或下面脉腋间具柔毛，花梗短，果实近球形，核卵球形，离肉，两侧扁平，花期 3～4 月，果期 6～7 月。**识别要点：**灌木或小乔木，叶先端长尾尖，边缘具细锯齿，核基部不对称。**用途与价值：**药用，止咳祛痰，榨油。**生境：**海拔 1000 米以上的灌草丛。**山西省分布：**临汾市、太原市、太岳山等。**云丘山分布：**黄金峪附近。

87 西府海棠（*Malus × micromalus*） 蔷薇科 Rosaceae 苹果属 *Malus*

形态特征：小枝细弱圆柱形，冬芽卵形，叶片先端急尖或渐尖，边缘有尖锐锯齿，托叶膜质，线状披针形，伞形总状花序，果实近球形，花期4～5月，果期8～9月。识别要点：小乔木，萼筒外面密被白色长绒毛，萼洼梗洼均下陷，萼片多数脱落，少数宿存。用途与价值：果实鲜食或作蜜饯，观赏树种。生境：海拔100～2400米的地区。山西省分布：太原市、晋中市、临汾市、运城市等地。云丘山分布：康家坪停车场和葫芦潭附近。

88 李（*Prunus salicina*） 蔷薇科 Rosaceae 李属 *Prunus*

形态特征：树冠广圆形，冬芽卵圆形，叶片基部楔形，边缘有圆钝重锯齿，托叶膜质，线形，核果球形、卵球形或近圆锥形，花期4月，果期7～8月。识别要点：冬芽有数枚覆瓦状排列鳞片，花通常3朵并生，花梗1～2厘米，通常无毛。用途与价值：有降压、镇咳、镇痛、消肿的功效。生境：海拔400～2600米的地区。山西省分布：稷山县、垣曲县舜王坪、五台县台怀镇、阳高县、太岳山等。云丘山分布：黄金峪附近。

89 褐梨（*Pyrus phaeocarpa*） 蔷薇科 Rosaceae 梨属 *Pyrus*

形态特征：乔木，二年生枝紫褐色，无毛，叶片椭圆状卵形至长卵形，边缘有尖锐锯齿，齿尖向外，无刺芒，伞形总状花序，萼片三角形，花瓣卵形，果球形或卵形，花期4月，果期8～9月。**识别要点：**果实球形或卵形，3～4室，直径2～2.5厘米；幼枝、花序和叶片下面具绒毛，不久脱落。**用途与价值：**用作梨的砧木。**生境：**海拔1050米左右的山坡或黄土丘陵杂林中。**山西省分布：**绛县、垣曲天盘山、夏县祁家河乡马村。**云丘山分布：**八宝食府附近。

90 杜梨（*Pyrus betulifolia*） 蔷薇科 Rosaceae 梨属 *Pyrus*

形态特征：乔木，枝常具刺，叶片边缘有粗锐锯齿，伞形总状花序齿，花梗被灰白色绒毛，花瓣基部具有短爪，果实近球形，花期4月，果期8～9月。**识别要点：**幼枝、花序和叶片下面被绒毛。**用途与价值：**果实食用入药，树皮做染料。**生境：**海拔400～1800米的平原或山坡向阳处。**山西省分布：**原平县云中山、绛县磨里峪。**云丘山分布：**安汾村和黄金峪附近。

91 甘肃山楂 (*Crataegus kansuensis*) 蔷薇科 Rosaceae 山楂属 *Crataegus*

形态特征：枝刺多，锥形，叶片宽卵形，边缘有尖锐重锯齿和5～7对不规则羽状浅裂片，托叶膜质，卵状披针形，边缘有腺齿，伞房花序，萼片三角卵形，果实近球形，花期5月，果期9～11月。识别要点：叶片基部截形或宽楔形，上面无毛或近于无毛，下面被稀疏柔毛，果红色，核2～3枚。用途与价值：嫁接山里红的砧木。生境：海拔1000～1800米的杂木林中、山坡阴处及山沟旁。山西省分布：阳高县、浑源县、五台县等。云丘山分布：三号缆车和玉皇顶周边。

92 湖北山楂 (*Crataegus hupehensis*) 蔷薇科 Rosaceae 山楂属 *Crataegus*

形态特征：枝条开展；常无刺；小枝圆柱形，无毛，紫褐色，二年生枝条灰褐色；叶片卵形至卵状长圆形，先端短渐尖，基部宽楔形或近圆形，边缘有圆钝锯齿。伞房花序，具多花。果实近球形，小核5，花期5～6月，果期8～9月。识别要点：叶片浅裂或不裂，锯齿圆钝，中部以上有2～4对裂片，裂片卵形。用途与价值：果可食。生境：海拔500～2000米的山坡灌丛中。山西省分布：晋城市、吉县、乡宁县、绛县、垣曲县、夏县等。云丘山分布：心形池、三官洞和玉皇顶附近。

93 桔红山楂（*Crataegus aurantia*） 蔷薇科 Rosaceae　山楂属 *Crataegus*

形态特征：落叶灌木，叶片宽卵形，边缘有 2～3 对浅裂片，锯齿尖锐不整齐，复伞房花序，花瓣近圆形，果实成熟时近球形，花期 5～6 月，果期 8～9 月。**识别要点：**叶片基部圆形、截形或宽楔形；果实近球形，橘红色，小核 2～3。**用途与价值：**可食用。**生境：**海拔 1000～1800 米的山坡杂木林中。**山西省分布：**乡宁县云丘山。**云丘山分布：**三官洞、玉皇顶和土地庙附近。

94 毛叶山樱花（*Cerasus serrulata* var. *pubescens*） 蔷薇科 Rosaceae　樱属 *Cerasus*

形态特征：乔木，小枝无毛，叶片边有锯齿，齿尖有小腺体，花序伞房总状花 2～3 朵，花瓣倒卵形，核果球形或卵球形，花期 4～5 月，果期 6～7 月。**识别要点：**花梗及萼筒无毛，萼片全缘，核果紫黑色，叶下有短柔毛。**用途与价值：**可观赏，木材可制农具等。**生境：**海拔 400～800 米的山坡林中。**山西省分布：**太岳山、历山等。**云丘山分布：**三官洞附近。

95 毛樱桃（*Cerasus tomentosa*） 蔷薇科 Rosaceae 樱属 *Cerasus*

形态特征：灌木，叶片边有急尖或粗锐锯齿，托叶线形，花叶同开，花瓣倒卵形，花柱伸出与雄蕊近等长或稍长，核果近球形，红色，花期 4～5 月，果期 6～9 月。**识别要点：**萼筒筒状，子房、嫩枝、叶柄、果实密被短柔毛。**用途与价值：**果可酿酒，核仁入药。**生境：**海拔 1200～1700 米的山坡林中、林缘、灌丛中或草地。**山西省分布：**晋城市、陵川县西闸水村、太岳山等地。**云丘山分布：**一线天和三官洞附近。

96 红柄白鹃梅（*Exochorda giraldii*） 蔷薇科 Rosaceae 白鹃梅属 *Exochorda*

形态特征：落叶灌木，小枝圆柱形，无毛，叶片全缘，叶柄常红色，总状花序，有花 6～10 朵，花瓣基部有长爪，蒴果倒圆锥形，花期 5 月，果期 7～8 月。**识别要点：**果具五棱，种子有翅，花无托叶。**用途与价值：**可观赏。**生境：**海拔 1000 米左右的山坡、灌木林中。**山西省分布：**中条山、太岳山。**云丘山分布：**黄金峪、善人沟、二号缆车和土地庙附近。

97 欧李（*Cerasus humilis*） 蔷薇科 Rosaceae 樱属 *Cerasus*

形态特征：灌木，叶片边有锯齿，花单生或 2～3 花簇生，花叶同开，托叶线形，花柱与雄蕊近等长，核果成熟后近球形，花期 4～5 月，果期 7～8 月。**识别要点：**叶下面无毛或仅脉腋有簇生毛，网脉较浅。**用途与价值：**果可食用，核仁入药。**生境：**海拔 100～1800 米的阳坡砂地、山地灌丛中。**山西省分布：**中条山、太岳山、夏县等地。**云丘山分布：**八宝宫附近。

98 茅莓（*Rubus parvifolius*） 蔷薇科 Rosaceae 悬钩子属 *Rubus*

形态特征：灌木，枝呈弓形，小叶 3 枚，边缘有粗锯齿，常具浅裂片，伞房花序顶生或腋生，花瓣卵圆形或长圆形，基部具爪，果实卵球形，花期 5～6 月，果期 7～8 月。**识别要点：**叶片顶端圆钝至急尖，花萼外被柔毛和针刺。**用途与价值：**可食用、入药。**生境：**海拔 900～2500 米的山坡杂木林下、向阳山谷、路旁或荒野。**山西省分布：**宁武县、五台县、乡宁县、蒲县等地。**云丘山分布：**黄金峪、善人沟、云圣快捷酒店、伏羲岭和红花坪附近。

99 腺毛喜阴悬钩子（*Rubus mesogaeus* var. *oxycomus*）

蔷薇科 Rosaceae 悬钩子属 *Rubus*

形态特征：攀援灌木，老枝有皮刺，小叶常 3 枚，边缘有不整齐粗锯齿并常浅裂，伞房花序生于侧生小枝顶端或腋生，果实扁球形，花期 4～5 月，果期 7～8 月。识别要点：枝、叶柄和花梗均近无刺或有稀疏针刺和疏密不等的腺毛。用途与价值：可食用。生境：海拔 2800 米以下的山坡路旁杂木林中或山谷、溪边。山西省分布：乡宁县云丘山。云丘山分布：一线天和三官洞附近。

100 小花扁担杆（*Grewia biloba* var. *parviflora*） 椴树科 Tiliaceae 扁担杆属 *Grewia*

形态特征：灌木或小乔木，多分枝，叶薄革质，两面有星状粗毛，边缘有细锯齿，聚伞花序腋生，花朵较短小，核果有 6～7 颗分核，花期 8～9 月。识别要点：花序梗不具叶状苞片，雄蕊及子房着生于雌蕊柄上。用途与价值：茎皮纤维可供造纸，果可食。生境：海拔 830～1200 米的荒山路边或林中及灌丛中。山西省分布：晋城市、垣曲县、芮城县等地。云丘山分布：黄金峪、云圣快捷酒店、琪尔康度假村和善人沟附近。

101 海州常山（*Clerodendrum trichotomum*

马鞭草科 Verbenaceae　大青属 *Clerodendrum*

形态特征：灌木或小乔木，老枝具皮孔，叶片纸质，全缘或有时边缘具波状齿，聚伞花序，通常二歧分枝，核果包藏于增大的宿萼内，花果期 6～11 月。**识别要点：**聚花伞序排列舒展，萼较大，裂片卵状椭圆形。**用途与价值：**根或叶主治风湿性关节炎、高血压。**生境：**海拔 750～1200 米的山坡灌丛中。**山西省分布：**夏县、闻喜县、垣曲县等地。**云丘山分布：**神仙峪、圣母崖和塔尔坡停车场附近。

102 枸杞（*Lycium chinense*）　茄科 Solanaceae　枸杞属 *Lycium*

形态特征：灌木，枝条有纵条纹，小枝顶端锐尖成棘刺状，单叶互生，花在长枝上单生或双生于叶腋，在短枝上则同叶簇生，花冠漏斗状，浆果卵状，种子扁肾脏形，花果期 6～11 月。**识别要点：**花冠裂片边缘缘毛较密，雄蕊稍短于花冠。**用途与价值：**果实滋补肝肾明目，根清虚热凉血。**生境：**山坡、荒地、丘陵地、盐碱地、路旁及村边宅旁。**山西省分布：**太原市、古交市、五台县豆村镇等地。**云丘山分布：**云圣快捷酒店和八宝宫附近。

PLANTS OF YUNQIU MOUNTAIN

103 黄芦木（*Berberis amurensis*） 小檗科 Berberidaceae 小檗属 *Berberis*

形态特征：落叶灌木，茎刺三分叉，叶纸质，近圆形、椭圆形或卵形，叶缘平展，总状花序具 10～25 朵花，浆果长圆形，花期 4～5 月，果期 8～9 月。**识别要点：**叶柄、花序较短。**用途与价值：**根皮、茎皮有清热解毒之效，种子可榨油。**生境：**海拔 1200～2800 米的山地灌丛中、沟谷、林缘、疏林中、溪旁或岩石旁。**山西省分布：**全省各地。**云丘山分布：**黄金峪、土地庙、云圣快捷酒店、祖师顶和三天门附近。

104 齿叶扁核木（*Prinsepia uniflora* var. *serrata*）
蔷薇科 Rosaceae 扁核木属 *Prinsepia*

形态特征：枝刺钻形，叶互生或丛生，叶片长圆披针形或狭长圆形，边缘有锯齿，花单生或 2～3 朵，簇生于叶丛内，核果球形，花期 4～5 月，果期 8～9 月。**识别要点：**叶片边缘有明显锯齿，不育枝上叶片卵状披针形或卵状长圆形，先端急尖或短渐尖，花枝上叶片长圆形或窄椭圆形，花梗长 5～15 毫米。**用途与价值：**果实可酿酒、制醋或食用，种子可入药。**生境：**海拔 800～2000 米的山坡、山谷及沟边黄土丘陵地。**山西省分布：**交口县、襄汾县、乡宁县云丘山。**云丘山分布：**安汾村和东交口村附近。

105 北方荚蒾（*Viburnum hupehense* subsp. *septentrionale*）

忍冬科 Caprifoliaceae　　荚蒾属 *Viburnum*

形态特征：落叶灌木，小枝散生小皮孔，叶厚纸质或略带革质，边缘具开展的不规则浅波状牙齿，聚伞花序顶生或生于具1对叶的侧生短枝上，花冠辐状，花期5～6月，果熟期7～9月。**识别要点：**冬芽具1～2对鳞片，叶柄较长。**生境：**海拔560～1800米的山谷林中或山坡灌丛中。**山西省分布：**霍州市七里峪、沁源县、沁县伏牛山、夏县太宽河自然保护区、灵空山等地。**云丘山分布：**三官庙、一线天和三号缆车附近。

106 陕西荚蒾（*Viburnum schensianum*） 忍冬科 Caprifoliaceae 荚蒾属 *Viburnum*

形态特征：落叶灌木，幼枝、叶下面、叶柄及花序均被绒毛，叶纸质，边缘有小尖齿，花大部生于第三级分枝上，花冠白色，辐状，果实椭圆形，花期5～7月，果熟期8～9月。**识别要点：**二年生小枝灰褐色，叶端钝圆，总花梗花较多。**用途与价值：**供观赏。**生境：**海拔1020～1770米的山谷混交林和松林下或山坡灌丛中。**山西省分布：**太原市天龙山、阳曲县、夏县太宽河自然保护区等地。**云丘山分布：**三号缆车、圣母崖和安汾村附近。

107 蒙古荚蒾（*Viburnum mongolicum*） 忍冬科 Caprifoliaceae 荚蒾属 *Viburnum*

形态特征：落叶灌木，二年生小枝黄白色，叶纸质，边缘有波状浅齿，齿顶具小突尖，聚伞花序，花大部生于第一级辐射枝上，果实椭圆形，花期 5 月，果熟期 9 月。识别要点：小枝灰白色，叶端尖，总花梗花不多。用途与价值：可作园林观赏。生境：海拔 1620～2300 米的山坡疏林下或河滩地。山西省分布：天镇县、浑源县。云丘山分布：玉皇顶附近。

108 金花忍冬（*Lonicera chrysantha*） 忍冬科 Caprifoliaceae 忍冬属 *Lonicera*

形态特征：落叶灌木，幼枝、叶柄和总花梗常被直糙毛、微糙毛和腺，叶两面脉上被糙伏毛，小苞片分离，花冠外面疏生短糙毛，果实红色，圆形，花期 5～6 月，果熟期 7～9 月。识别要点：花冠白色后变黄色，上唇的四裂片之间等裂。用途与价值：嫩枝、叶清热解毒。生境：海拔 1250～2500 米的沟谷、林下或林缘灌丛中。山西省分布：浑源县恒山、五台县、灵丘县、山阴县等地。云丘山分布：黄金峪、一线天和善人沟附近。

109 金银忍冬（*Lonicera maackii*） 忍冬科 Caprifoliaceae 忍冬属 *Lonicera*

形态特征：落叶灌木，叶形状变化大，长5～8厘米，花芳香，生于幼枝叶腋，花冠外被短伏毛或无毛，果实圆形，种子具蜂窝状微小浅凹点，花期5～6月，果熟期8～10月。**识别要点：**总花梗短于叶柄。**用途与价值：**可观赏。**生境：**海拔980～1760米的林中或林缘溪流附近的灌木丛中。**山西省分布：**太原市、沁源县灵空山、夏县太宽河自然保护区等地。**云丘山分布：**黄金峪和善人沟周边。

110 葱皮忍冬（*Lonicera ferdinandii*） 忍冬科 Caprifoliaceae 忍冬属 *Lonicera*

形态特征：落叶灌木，幼枝有刚毛，兼生微毛和红褐色腺，老枝有乳头状突起，叶边缘有时波状，具睫毛状齿，花冠外面被刚伏毛、果实外包以撕裂的壳斗，种子椭圆形，密生锈色小凹孔，花期5～6月，果熟期8～10月。**识别要点：**小苞片合生的坛状壳斗在果实成熟时不变为肉质，破裂而露出红色果实，花冠二唇形。**用途与价值：**枝条可制绳索、麻袋、造纸原料。**生境：**海拔1000～2000米的向阳山坡林中或林缘灌丛中。**山西省分布：**浑源县、吕梁山区临县、中阳县等地。**云丘山分布：**心形池、三官洞、土地庙和黄金峪附近。

111 苦糖果（*Lonicera fragrantissima* subsp. *standishii*）

忍冬科 Caprifoliaceae 忍冬属 *Lonicera*

形态特征：落叶灌木，幼枝毛脱落后留突起，叶厚纸质或带革质，花生于幼枝基部苞腋，裂片深达中部，下唇舌状，种子稍扁，有细凹点，花期 1 月下旬至 4 月上旬，果熟期 5～6 月。**识别要点：**小枝、叶柄常有糙毛，叶较狭长，卵状矩圆形或卵状披针形。**用途与价值：**果可食。**生境：**海拔 100～2000 米的向阳山坡林中、灌丛中或溪涧旁。**山西省分布：**乡宁县云丘山。**云丘山分布：**善人沟和神仙峪附近。

112 毛药忍冬（*Lonicera serreana*）忍冬科 Caprifoliaceae 忍冬属 *Lonicera*

形态特征：落叶灌木，当年小枝有两纵列短柔毛，叶被灰白色弯曲短柔毛，花冠基部稍一侧肿大或具浅囊，果实圆形，种子近卵圆形，花期 6～7 月，果期 7～9 月。**识别要点：**花药有短糙毛。**用途与价值：**可作绿化。**生境：**海拔 1400～2100 米的山坡、山谷或山顶的灌丛或林中。**山西省分布：**浑源县、五台县、宁武县等地。**云丘山分布：**一线天和三官洞附近。

113 盘叶忍冬（*Lonicera tragophylla*） 忍冬科 Caprifoliaceae 忍冬属 *Lonicera*

形态特征：落叶藤本，叶纸质，顶端钝或稍尖，基部楔形，花序下方 1～2 对叶连合成盘，花冠黄色至橙黄色，唇形，雄蕊着生于唇瓣基部，花期 5～6 月，果熟期 7～10 月。**识别要点：**花 9～18 朵集合成头状，生枝端，花序下的一对叶片基部合生。**用途与价值：**花蕾作药用。**生境：**海拔 900～1860 米的林下、灌丛中或河滩旁岩缝中。**山西省分布：**乡宁县、稷山县、洪洞县等地。**云丘山分布：**黄金峪周边。

114 六道木（*Abelia biflora*） 忍冬科 Caprifoliaceae 六道木属 *Abelia*

形态特征：落叶灌木，幼枝被倒生硬毛，叶全缘或中部以上羽状浅裂，两面疏被柔毛，花单生于小枝上叶腋，花冠狭漏斗形或高脚碟形，种子圆柱形，具肉质胚乳，花期 5～6 月，果期 7～9 月。**识别要点：**无总花梗，叶全缘，也有羽状浅裂者。**用途与价值：**茎、枝可作小器具。**生境：**海拔 1300～2500 米的山坡灌丛、林下及沟边。**山西省分布：**浑源县、五台县等地。**云丘山分布：**黄金峪、三官洞和玉皇顶附近。

115 南方六道木（*Abelia dielsii*） 忍冬科 Caprifoliaceae 六道木属 *Abelia*

形态特征：落叶灌木，老枝灰白色，叶变化幅度很大，全缘或有 1～6 对齿牙，具缘毛，花 2 朵生于侧枝顶部叶腋，花冠白色，后变浅黄色，果实长 1～1.5 厘米，种子柱状，花期 4 月下旬至 6 月上旬，果熟期 8～9 月。识别要点：总花梗仅具 2 朵花。用途与价值：可入药。生境：海拔 800～3700 米的山坡灌丛、路边林下及草地。山西省分布：沁水县、乡宁县云丘山。云丘山分布：黄金峪、三官洞和玉皇顶附近。

116 胡桃（*Juglans regia*） 胡桃科 Juglandaceae 胡桃属 *Juglans*

形态特征：乔木，树皮灰白色而纵向浅裂，奇数羽状复叶，叶柄被有极短腺毛及腺体，顶生小叶常具小叶柄，雄性葇荑花序下垂，雌性穗状花序通常具 1～3（～4）雌花，果实近于球状，花期 4 月，果期 9 月。识别要点：小叶全缘无毛，果实具薄隔膜，无毛。用途与价值：可食用。生境：海拔 400～1800 米的山坡及丘陵地带。山西省分布：除北部少数高寒县之外全省各地皆有栽培。云丘山分布：神仙峪、塔尔坡古村和康家坪古村附近。

117 野核桃（*Juglans cathayensis*） 胡桃科 Juglandaceae　胡桃属 *Juglans*

形态特征：乔木，顶芽裸露锥形，奇数羽状复叶，小叶近对生边缘有细锯齿，雄花被腺毛，雌性花序直立，穗状，果序轴上有花着生的痕迹，外果皮密被腺毛，内果皮有纵向棱脊，花期5月，果期9月。**识别要点：**叶片下面脉上密被柔毛，每果序着果6～10个，总状，下垂。**用途与价值：**油可食用，木材可作军械。**生境：**海拔1700米以下的沟谷。**山西省分布：**中条山、太岳山、吕梁山等山地。**云丘山分布：**黄金峪附近。

118 胡桃楸（*Juglans mandshurica*） 胡桃科 Juglandaceae　胡桃属 *Juglans*

形态特征：乔木，树皮，具浅纵裂，奇数羽状复叶，小叶边缘具细锯齿，侧生小叶对生，基部歪斜，雄花具短花柄，雌性花序轴被有茸毛，果实密被腺质短柔毛，花期5月，果期9月。**识别要点：**小叶有细锯齿，果实外面被黏腺毛。**用途与价值：**可作核桃砧木，为军械用材。**生境：**海拔1500～1800米的土质肥厚、湿润、排水良好的沟谷两旁或山坡的阔叶林中。**山西省分布：**太行山、吕梁山。**云丘山分布：**黄金峪附近。

119 白蜡树（*Fraxinus chinensis*） 木犀科 Oleaceae 梣属 *Fraxinus*

形态特征：落叶乔木，树皮纵裂，皮孔小，羽状复叶，叶轴具浅沟，叶缘具锯齿，圆锥花序顶生或腋生枝梢，花雌雄异株，翅果匙形，坚果圆柱形，花期 4 月，果期 8～9 月。**识别要点：**花序大，总叶柄关节部光滑。**用途与价值：**枝叶可放养白蜡虫。**生境：**海拔 900～1600 米的山地杂木林中。**山西省分布：**阳曲县、阳城县蟒河镇、夏县等地。**云丘山分布：**黄金峪附近。

120 流苏树（*Chionanthus retusus*） 木犀科 Oleaceae 流苏树属 *Chionanthus*

形态特征：落叶灌木或乔木，叶片革质，全缘或有小锯齿，叶缘稍反卷，叶缘具睫毛，聚伞状圆锥花序，花冠 4 深裂，果椭圆形，被白粉，花期 5～6 月，果期 7～9 月。**识别要点：**圆锥花序顶生，花冠裂细长。**用途与价值：**做茶饮用。**生境：**海拔 700～1470 米的稀疏混交林中或灌丛中，或山坡、河边。**山西省分布：**交口县、沁源县灵空山等地。**云丘山分布：**八宝食府附近。

121 花椒（*Zanthoxylum bungeanum*）芸香科 Rutaceae　花椒属 *Zanthoxylum*

形态特征： 落叶小乔木；枝有短刺，叶轴常有甚狭窄的叶翼，小叶对生，叶缘有细裂齿，齿缝有油点，花序顶生退化雌蕊顶端叉状浅裂，果紫红色，花期 4～5 月，果期 8～9 月。**识别要点：** 小叶卵形至椭圆形，纸质或厚纸质。**用途与价值：** 可食用。**生境：** 海拔 850～2000 米的坡地，耐旱，喜阳光，各地多栽种。**山西省分布：** 永济市、五台县、乡宁县等地。**云丘山分布：** 善人沟、神仙峪和塔尔坡古村附近。

122 臭椿（*Ailanthus altissima*）苦木科 Simaroubaceae　臭椿属 *Ailanthus*

形态特征： 落叶乔木，树皮有直纹，奇数羽状复叶，小叶对生卵状披针形，圆锥花序长 10～30 厘米，花柱黏合，翅果长椭圆形，种子位于翅的中间，花期 6～7 月，果期 7～9 月。**识别要点：** 花序顶生，果为翅果。**用途与价值：** 木材可制家具、种子可制皂等。**生境：** 海拔 850～2000 米的坡地，耐旱，喜阳光，各地多栽种。**山西省分布：** 临汾市、永济市、垣曲县等地。**云丘山分布：** 神仙峪、塔尔坡停车场、塔尔坡古村和八宝宫附近。

123 香椿（*Toona sinensis*） 楝科 Meliaceae 香椿属 *Toona*

形态特征：乔木，树皮粗糙，片状脱落，叶具长柄，偶数羽状复叶，边全缘或有疏离的小锯齿，圆锥花序与叶等长或更长，小聚伞花序生于小枝，蒴果狭椭圆形，种子上端有长翅。**识别要点：**蒴果，种子有翅。**用途与价值：**可食用，制家具。**生境：**山地杂木林或疏林中。**山西省分布：**永济市、平陆县、夏县、垣曲县、中条山等。**云丘山分布：**黄金峪和康家坪停车场周边。

124 漆（*Toxicodendron vernicifluum*） 漆树科 Anacardiaceae 漆属 *Toxicodendron*

形态特征：落叶乔木，树皮呈不规则纵裂，具大叶痕和突起的皮孔，奇数羽状复叶互生，常螺旋状排列，圆锥花序与叶近等长，核果肾形或椭圆形，花期5～6月，果期7～10月。**识别要点：**花序腋生，果序下垂，树脂含漆。**用途与价值：**可取漆、制蜡、入药。**生境：**海拔600～1500米的向阳山坡林内，也有栽培。**山西省分布：**乡宁县、蒲县、沁源县、夏县等地。**云丘山分布：**黄金峪、康家坪停车场、圣母崖、一线天和三官洞附近。

125 青麸杨（*Rhus potaninii*） 漆树科 Anacardiaceae 盐肤木属 *Rhus*

形态特征：落叶乔木，树皮灰褐色，奇数羽状复叶全缘，小叶具短柄，圆锥花序，花萼裂片卵形，核果近球形，被具节柔毛和腺毛。识别要点：小叶 7～9，叶全缘。用途与价值：叶供工业及药用，种子油可制肥皂及润滑油。生境：海拔 1140～1780 米的山坡疏林或灌木中。山西省分布：介休市、沁源县、乡宁县等地。云丘山分布：康家坪停车场、一线天、三号缆车和三官洞附近。

126 火炬树（*Rhus typhina*） 漆树科 Anacardiaceae 盐肤木属 *Rhus*

形态特征：落叶小乔木，小枝密生灰色茸毛。奇数羽状复叶，缘有锯齿，叶轴无翅，圆锥花序顶生、密生茸毛，花期 7～8 月，果期 9～10 月，直立圆锥花序顶生，果穗鲜红色，果有红色刺毛，聚生成火炬状。识别要点：叶缘有锯齿。用途与价值：根皮、树皮入药。生境：开阔的沙土或砾质土上。山西省分布：太原市、运城市、临汾市等地均有栽培。云丘山分布：八宝食府和葫芦潭周边。

127 接骨木（*Sambucus williamsii*） 忍冬科 Caprifoliaceae 接骨木属 *Sambucus*

形态特征：落叶灌木或小乔木，老枝具皮孔，羽状复叶边缘具不整齐锯齿，叶搓揉后有臭气，圆锥形聚伞花序顶生，具总花梗，果实红色，花期一般4～5月，果熟期9～10月。**识别要点：**叶羽状裂或羽状复叶。**用途与价值：**可入药。**生境：**海拔560～2500米的山坡、灌丛、沟边、路旁、宅边等地。**山西省分布：**浑源县五峰观、天镇县张西河乡等地。**云丘山分布：**三号缆车、一线天和三官洞附近。

128 黄连木（*Pistacia chinensis*） 漆树科 Anacardiaceae 黄连木属 *Pistacia*

形态特征：落叶乔木，树干扭曲，呈鳞片状剥落，偶数羽状复叶互生，小叶5～6对，花单性异株，圆锥花序腋生，雄花序排列紧密，雌花序排列疏松，苞片内凹，核果倒卵状球形。**识别要点：**花无花瓣。**用途与价值：**木材可制家具，种子可作润滑油。**生境：**海拔600～1500米的阳坡及半阳坡。**山西省分布：**晋城市、阳城县、垣曲县等地。**云丘山分布：**玉莲洞和黄金峪附近。

129 臭檀吴萸（*Evodia daniellii*） 芸香科 Rutaceae　吴茱萸属 *Evodia*

形态特征： 落叶乔木，叶有小叶 5～11 片，叶缘有细钝裂齿，伞房状聚伞花序，萼片及花瓣均 5 片，雌花鳞片状，分果瓣紫红色，种子卵形，花期 6～7 月，果期 9～10 月。**识别要点：** 小叶全缘或近全缘，老树皮无厚木栓层，蓇葖果。**用途与价值：** 木材可作家具，种子可榨油，果供药用。**生境：** 海拔 800～1500 米的山坡、路旁。**山西省分布：** 稷山县、夏县、沁水县等地。**云丘山分布：** 黄金峪、圣母崖、一线天、三官洞和玉皇顶周边。

130 美蔷薇（*Rosa bella*） 蔷薇科 Rosaceae　蔷薇属 *Rosa*

形态特征： 灌木，老枝被针刺，小叶片边缘有单锯齿，小叶柄和叶轴有散生腺毛和小皮刺，花单生，苞片卵状披针形，花瓣先端微凹，果顶端有短颈，有腺毛，花期 5～7 月，果期 8～9 月。**识别要点：** 花梗和萼筒密被腺毛，萼裂片外有腺毛，小叶片先端急尖。**用途与价值：** 花可提取芳香油。**生境：** 海拔 1300～1800 米的混交林内、林缘及灌丛中。**山西省分布：** 中条山、太岳山、五台山等地。**云丘山分布：** 黄金峪和康家坪停车场。

PLANTS OF YUNQIU MOUNTAIN

131 黄刺玫（*Rosa xanthina*） 蔷薇科 Rosaceae 蔷薇属 *Rosa*

形态特征：直立灌木，枝密集，披散，小枝有散生皮刺，小叶片边缘有圆钝锯齿，托叶带状披针形，大部贴生于叶柄，离生部分呈耳状，花生于叶腋，果近球形或倒卵圆形，花后萼片反折，花期 5～7 月，果期 7～9 月。**识别要点：**小叶边缘锯齿较圆钝，枝条基部无针刺。**用途与价值：**果可食，花可提取芳香油。**生境：**海拔 700～2000 米的向阳山坡及灌丛中。**山西省分布：**太岳山、关帝山、中条山。**云丘山分布：**神仙峪和黄金峪附近。

132 月季花（*Rosa chinensis*） 蔷薇科 Rosaceae 蔷薇属 *Rosa*

形态特征：直立灌木，小枝有短粗的钩状皮刺，小叶 3～5，稀 7，边缘有锐锯齿，花几朵集生，稀单生，萼片卵形，边缘常有羽状裂片，果卵球形或梨形，花期 5～6 月，果期 9 月。**识别要点：**托叶边缘有腺毛，花粉红色及其他各色，微香或不香。**用途与价值：**可观赏。**生境：**疏松、肥沃、富含有机质、微酸性、排水良好的土壤。**山西省分布：**全省各地广泛栽培。**云丘山分布：**中和广场周边。

133 栾树（*Koelreuteria paniculata*） 无患子科 Sapindaceae 栾树属 *Koelreuteria*

形态特征：草本，叶狭卵形至宽卵形，基部常心形，单总状花序顶生，萼片开花时反曲，果实斜倒卵形至透镜形，花期 6 月，果期 7～8 月。**识别要点：**蒴果囊状，花不整齐，黄色。**用途与价值：**叶可提取栲胶，花可作黄色染料，种子可榨油，木材可制作农具或家具。**生境：**海拔 0～3500 米的山坡杂林木及灌丛，生于排水良好的落叶林。**山西省分布：**灵丘县、陵川县、沁源县、沁水县等地。**云丘山分布：**善人沟和神仙峪附近。

134 文冠果（*Xanthoceras sorbifolium*） 无患子科 Sapindaceae 文冠果属 *Xanthoceras*

形态特征：落叶灌木或小乔木，有芽鳞，小叶 4～8 对，边缘有锐利锯齿，顶生小叶通常 3 深裂，两性花花序顶生，雄花序腋生，总花梗短，基部常有残存芽鳞，花瓣爪之两侧有须毛，花期 4～5 月，果期 6～8 月。**识别特征：**蒴果具厚硬壁，花整齐，白色。**用途与价值：**种子油供食用或工业用；可作观赏树。**生境：**海拔 1100～1670 米的丘陵山坡等处。**山西省分布：**浑源县、天镇县、平鲁县、吉县等地。**云丘山分布：**琪尔康度假村附近。

135 胡枝子（*Lespedeza bicolor*） 豆科 Leguminosae 胡枝子属 *Lespedeza*

形态特征：灌木，小枝有条棱，芽具鳞片，羽状复叶小叶具短刺尖，总状花序腋生，常构成圆锥花序，花萼5浅裂，荚果斜倒卵形，花期7～8月，果期9～10月。**识别要点：**花序在盛开时较叶为长，花梗较长，萼裂不过半，旗瓣较龙骨瓣长。**用途及价值：**可作饲料和绿肥，根可润肺解热。**生境：**海拔150～1000米的山坡、林缘、路旁、灌丛及杂木林间。**山西省分布：**太行山、吕梁山等地。**云丘山分布：**三官洞附近。

136 杭子梢（*Campylotropis macrocarpa*） 豆科 Leguminosae 杭子梢属 *Campylotropis*

形态特征：灌木，羽状复叶小叶先端具小凸尖，总状花序单一腋生并顶生，花萼钟形，稍浅裂或近中裂，龙骨瓣呈直角或微钝角内弯，荚果先端具短喙尖，花期、果期8～10月。**识别要点：**苞片为脱落性，腋间仅具一花，花柄与花萼下具关节。**用途与价值：**可作饲料。**生境：**海拔150～1900米的山坡、灌丛、林缘、山谷沟边。**山西省分布：**五台县、娄烦县、灵空山等地。**云丘山分布：**康家坪停车场和一线天附近。

137 多花胡枝子（*Lespedeza floribunda*） 豆科 Leguminosae 胡枝子属 *Lespedeza*

形态特征：灌木，茎常近基部分枝，枝有条棱，羽状复叶小叶具小刺尖，总状花序腋生，总花梗超出叶，花萼5裂，上方2裂片、下部合生，荚果宽卵形，花期7～8月，果期8～9月。**识别要点：**花紫色，少有红色，叶倒卵形。**用途与价值：**可作饲料或绿肥。**生境：**旱草坡、石质山坡灌丛、疏林下及黄土丘陵。**山西省分布：**中条山、太岳山、吕梁山等地。**云丘山分布：**云圣快捷酒店、红花坪和圣母崖附近。

138 兴安胡枝子（*Lespedeza daurica*） 豆科 Leguminosae 胡枝子属 *Lespedeza*

形态特征：灌木，茎稍斜升，羽状复叶小叶有小刺尖，总状花序腋生，花萼5深裂，萼裂片成刺芒状，荚果先端有刺尖，花期7～8月，果期9～10月。**识别要点：**小叶长圆形或狭长圆形，长2～5厘米，宽5～16毫米。**用途与价值：**饲用植物，可作绿肥。**生境：**干山坡、草地、路旁及沙质地上。**山西省分布：**太原市、中条山、太岳山、吕梁山等地。**云丘山分布：**云圣快捷酒店、红花坪和八宝宫附近。

139 长叶胡枝子（*Lespedeza caraganae*） 豆科 Leguminosae 胡枝子属 *Lespedeza*

形态特征：灌木，茎直立，多棱，分枝斜升，羽状复叶小叶具小刺尖，边缘内卷，总状花序腋生，花萼狭钟形，5深裂，裂片披针形，花冠超出花萼，荚果先端具喙，花期6～9月，果期10月。**识别要点：**叶较窄，荚果卵球形，渐窄。**用途与价值：**可作饲料植物。**生境：**海拔1400米以下的山坡上。**山西省分布：**太岳山、绵山、清徐县马峪乡等地。**云丘山分布：**云圣快捷酒店、红花坪和坂尔上村附近。

140 红花锦鸡儿（*Caragana rosea*） 豆科 Leguminosae 锦鸡儿属 *Caragana*

形态特征：灌木，树皮绿褐色或灰褐色，小枝具条棱，托叶在长枝者成细针刺，叶假掌状，花梗单生，花萼管状，萼齿三角形，花冠黄色，荚果圆筒形，花期5～6月，果期7～8月。**识别要点：**叶、子房、萼及荚果绿色，无毛。**用途与价值：**可入药。**生境：**海拔950～1300米的山坡及灌丛。**山西省分布：**五台县门限石乡、稷山县等地。**云丘山分布：**善人沟和红花坪附近。

141 河朔荛花（*Wikstroemia chamaedaphne*）

瑞香科 Thymelaeaceae 荛花属 *Wikstroemia*

形态特征：灌木，分枝多而纤细，叶对生，花序穗状或由穗状花序组成的圆锥花序，顶生或腋生，花柱顶基具乳突；花盘鳞片 1 枚，果卵形，花期 5～7 月，果期 9～10 月。**识别特征：**圆锥花序顶生，叶无毛，披针形至窄长圆状披针形，顶端尖锐或钝。**用途与价值：**可作水土保持树种，茎皮纤维可造纸或做人造棉，花蕾及叶入药有通便、泻下逐水之效。**生境：**海拔 900～1700 米的山坡及路旁。**山西省分布：**太原市庙前山、古交县、清徐县等地。**云丘山分布：**黄金峪和善人沟附近。

142 刺槐（*Robinia pseudoacacia*） 豆科 Leguminosae 刺槐属 *Robinia*

形态特征：落叶乔木，树皮浅裂至深纵裂，具托叶刺，羽状复叶小叶常对生，小托叶针芒状，总状花序花序腋生，花芳香，花冠白色，各瓣均具瓣柄，荚果褐色，或具红褐色斑纹，种子近肾形，花期 4～5 月，果期 7～9 月。**识别要点：**小枝光滑或幼时微有柔毛，花白色。**用途与价值：**可作枕木，种子可作肥皂，叶可作饲料等。**生境：**喜土层深厚、肥沃的土壤。**山西省分布：**全省各地广泛栽培。**云丘山分布：**烈士纪念碑、康家坪古村和康家坪停车场附近。

143 香花槐（*Robinia pseudoacacia* cv. *idaho*） 豆科 Leguminosae 刺槐属 *Robinia*

形态特征：落叶乔木，树皮光滑，叶互生，羽状复叶，小叶光滑，总状花序，有浓郁芳香，花序腋生，作下垂状，无荚果不结种子，树冠开阔，树干笔直，原产于西班牙，近年我国从韩国引入。**识别要点：**羽状复叶，有7～19片小叶，花粉红或紫红色，芳香浓郁。**用途与价值：**园林绿化树种，可作行道树，也是蜜源植物。**生境：**喜光、耐寒地均可生长。**山西省分布：**全省各地均有栽培。**云丘山分布：**康家坪古村和康家坪停车场附近。

144 紫穗槐（*Amorpha fruticosa*） 豆科 Leguminosae 紫穗槐属 *Amorpha*

形态特征：落叶灌木，丛生，叶互生，奇数羽状复叶，小叶有一短而弯曲的尖刺，具黑色腺点。穗状花序花有短梗，荚果下垂，顶端具小尖，表面有凸起的疣状腺点，花、果期5～10月。**识别要点：**花仅有旗瓣，单数羽状复叶。**用途与价值：**枝条可编筐，种子油可作漆、甘油等的原料。**生境：**荒山坡、道路旁、河岸、盐碱地均可生长。**山西省分布：**全省各地均有栽培。**云丘山分布：**红花坪和坂尔上村附近。

145 苦参（*Sophora flavescens*） 豆科 Leguminosae 槐属 *Sophora*

形态特征： 草本或亚灌木，茎具纹棱，羽状复叶小叶互生或近对生，总状花序顶生，花梗纤细，花萼钟状，明显歪斜，荚果长 5～10 厘米，种子长卵形，花期 5～7 月，果期 8～9 月。**识别要点：** 全株绿色，无毛或仅疏被黄色毛，小叶线状披针形或宽卵形，先端尖，翼瓣无耳。**用途与价值：** 根入药，有清热解毒、抗菌消炎之效，种子可作农药。**生境：** 海拔 800～1800 米的山坡、沙地草坡灌木林中或田野附近。**山西省分布：** 太岳山、乡宁县、沁县等地。**云丘山分布：** 葫芦潭和玉皇顶附近。

146 白刺花（*Sophora davidii*） 豆科 Leguminosae 槐属 *Sophora*

形态特征： 灌木或小乔木，不育枝末端变成刺，羽状复叶，总状花序着生于小枝顶端，花萼钟状，稍歪斜，翼瓣具 1 锐尖耳，明显具海绵状皱褶，荚果非典型串珠状，花期 3～8 月，果期 6～10 月。**识别要点：** 托叶变成刺状，小叶椭圆形至长卵形，花白色或蓝白色。**用途与价值：** 可作黄土丘陵地区的水土保持树种，也可作蜜源植物。**生境：** 海拔 2500 米以下的河谷沙丘和山坡路边的灌木丛中。**山西省分布：** 中条山区垣曲、太岳山、平顺县等地。**云丘山分布：** 红花坪、云圣快捷酒店、康家坪古村和土地庙附近。

147 河北木蓝（*Indigofera bungeana*） 豆科 Leguminosae 木蓝属 *Indigofera*

形态特征：直立灌木，茎圆柱形，有皮孔，枝银灰色，羽状复叶叶轴上面有槽，小叶对生，总状花序腋生，花冠紫色或紫红色，荚果褐色，线状圆柱形，种子间有横隔，花果期5～8月。**识别要点：**花冠短，不长过5毫米，总状花序比复叶长。**用途与价值：**全草药用，可清热止血，消肿生肌，外敷治创伤。**生境：**海拔800～1900米的山坡、草地或河滩地。**山西省分布：**五台县、娄烦县、芮城县等地。**云丘山分布：**黄金峪、善人沟和土地庙附近。

148 荆条（*Vitex negundo* var. *heterophylla*） 马鞭草科 Verbenaceae 牡荆属 *Vitex*

形态特征：灌木或小乔木，小枝四棱形，掌状复叶，小叶片边缘有缺刻状锯齿，聚伞花序排成圆锥花序式，顶生，花萼钟状，顶端有5裂齿，花冠淡紫色，核果近球形，宿萼接近果实的长度，花期4～6月，果期7～10月。**识别要点：**花冠5裂成2唇形，左右对称。**用途与价值：**根、茎清热止咳、化痰，茎叶治久痢，种子可祛痰、镇咳，根可治关节炎。**生境：**山坡路旁。**山西省分布：**太原市天龙山、五台县、阳曲县等地。**云丘山分布：**红花坪、云圣快捷酒店、康家坪古村、神仙峪和求子灵池附近。

149 木槿（*Hibiscus syriacus*） 锦葵科 Malvaceae 木槿属 *Hibiscus*

形态特征：落叶灌木，小枝密被黄色星状绒毛，叶菱形至三角状卵形，边缘具不整齐齿缺，花单生于枝端叶腋间，花萼钟形，花钟形，淡紫色，花瓣倒卵形，蒴果卵圆形，种子肾形，花期 7～10 月。**识别要点：**小苞片线形，宽 0.5～2 毫米。**用途与价值：**可观赏，茎可供造纸原料。**生境：**光照充足地均可生长。**山西省分布：**全省各地常见栽培。**云丘山分布：**云圣快捷酒店和八宝宫周边。

150 粉紫重瓣木槿（*Hibiscus syriacus* f. *amplissimus*）
锦葵科 Malvaceae 木槿属 *Hibiscus*

形态特征：落叶灌木。叶菱形至三角状卵形，花钟形，粉紫色花，瓣倒卵形，蒴果卵圆形，种子肾形，花期 7～10 月。**识别要点：**叶基部楔形，叶片 3 浅裂或不裂；有 3～5 脉；花柱光滑无毛。**用途与价值：**园林观赏，茎皮可作造纸原料，入药可清热、利尿及治疗癣疮。**生境：**园林庭院。**山西省分布：**全省各地常见栽培。**云丘山分布：**八宝宫周边。

151 牡丹（*Paeonia suffruticosa*） 毛茛科 Ranunculaceae 芍药属 *Paeonia*

形态特征：落叶灌木。茎分枝短而粗，叶通常为二回三出复叶，花单生枝顶，萼片5，花瓣5，顶端呈不规则的波状，花盘顶端锐齿或裂片，蓇葖长圆形，密生黄褐色硬毛，花期5月，果期6月。**识别要点：**叶轴和叶柄均无毛，顶生小叶3裂至中部，侧生小叶不裂成3～4浅裂。**用途与价值：**根皮供药用，为镇痛药，能活血散瘀、治中风、腹疼。**生境：**适宜疏松、深厚、肥沃、地势高燥、排水良好的中性沙壤土。**山西省分布：**全省各地多栽培。**云丘山分布：**神仙峪附近。

152 矮牡丹（*Paeonia suffruticosa* var. *spontanea*） 毛茛科 Ranunculaceae 芍药属 *Paeonia*

形态特征：落叶灌木，茎分枝短而粗，叶通常为二回三出复叶，花单生枝顶，萼片5，花瓣5，顶端呈不规则的波状，花盘顶端锐齿或裂片，蓇葖长圆形，密生黄褐色硬毛，花期5月，果期6月。**识别要点：**叶轴和叶柄均生短柔毛，顶生小叶3深裂，叶片再浅裂。**用途与价值：**根、茎清热止咳、化痰，茎叶治久痢，种子可祛痰、镇咳，根可治关节炎。**生境：**山坡疏林中。**山西省分布：**永济市水峪口村、稷山县西社乡马家沟。**云丘山分布：**玉皇顶和土地庙周边。

153 太行铁线莲（*Clematis kirilowii*） 毛茛科 Ranunculaceae 铁线莲属 *Clematis*

形态特征：木质藤本，茎、小枝有短柔毛，一至二回羽状复叶，聚伞花序或为总状、圆锥状聚伞花序，萼片顶端常呈截形而微凹，瘦果卵形至椭圆形，花期 6～8 月，果期 8～9 月。**识别要点：**叶片革质，花较小，宿存花柱不具金黄色柔毛。**用途与价值：**可观赏。**生境：**海拔 700～1200 米的山坡草地、丛林中或路旁。**山西省分布：**太行山、吕梁山。**云丘山分布：**善人沟、黄金峪和葫芦潭附近。

154 短尾铁线莲（*Clematis brevicaudata*）

毛茛科 Ranunculaceae 铁线莲属 *Clematis*

形态特征：藤本，枝有棱，一至二回羽状复叶或二回三出复叶，小叶片边缘疏生粗锯齿或牙齿，圆锥状聚伞花序腋生或顶生，花萼片 4，白色，狭倒卵形，瘦果卵形，花期 7～8 月，果期 8～10 月。**识别要点：**花梗在 2 厘米以下，花排列紧密。**用途与价值：**根茎入药，有清热、利尿、通乳等功效。**生境：**海拔 1200～2100 米的山地灌丛或疏林中。**山西省分布：**太岳山、关帝山、阳高县六棱山。**云丘山分布：**黄金峪和神仙峪附近。

155 乌头叶蛇葡萄（*Ampelopsis aconitifolia*）

葡萄科 Vitaceae　蛇葡萄属 *Ampelopsis*

形态特征：木质藤本，小枝有纵棱纹，被疏柔毛，叶为掌状5小叶，小叶3～5羽裂，托叶膜质，花序为疏散的伞房状复二歧聚伞花序，果实近球形，花期5～6月，果期8～9月。**识别要点：**小叶片披针形或菱状披针形，羽状分裂。**用途与价值：**根皮入药，有消肿散瘀、祛腐生肌、接骨止痛等功效。**生境：**海拔900～1600米的沟边或山坡灌丛或草地。**山西省分布：**浑源县、天镇县、中阳县等地。**云丘山分布：**八宝宫、云圣快捷酒店和康家坪停车场附近。

云丘山植物

156 葎叶蛇葡萄（*Ampelopsis humulifolia*）葡萄科 Vitaceae　蛇葡萄属 *Ampelopsis*

形态特征：木质藤本，小枝有纵棱纹，叶心状五角形或肾状五角形，边缘有粗锯齿，下面粉绿色，多歧聚伞花序果实近球形，花期5～7月，果期7～9月。**识别要点：**单叶，不分裂、3～5浅裂至深裂，叶下有毛或无毛。**用途与价值：**根皮入药，有活血散瘀、消炎解毒、祛风除湿的功效。**生境：**海拔1200～2000米的山沟地边或灌丛林缘或林中。**山西省分布：**五台县、灵丘县、乡宁县等地。**云丘山分布：**葫芦潭、游仙湖和圣母崖附近。

157 桑叶葡萄（*Vitis heyneana* subsp. *ficifolia*） 葡萄科 Vitaceae 葡萄属 *Vitis*

形态特征：木质藤本，小枝有纵棱纹，被灰色或褐色蛛丝状绒毛，叶卵圆形、长卵椭圆形或卵状五角形，圆锥花序疏散，果实圆球形，花期 5～6 月，果期 8～9 月。识别要点：叶多数 3 裂，卵形或宽卵形，基部宽心形，边缘有齿牙。用途与价值：根茎入药，有清热、利尿、通乳等功效。生境：海拔 1050 米左右的灌丛或疏林中。山西省分布：太岳山、关帝山、阳高县六棱山。云丘山分布：圣母崖、一线天和三号缆车附近。

158 山葡萄（*Vitis amurensis*） 葡萄科 Vitaceae 葡萄属 *Vitis*

形态特征：木质藤本，小枝无毛，嫩枝疏被蛛丝状绒毛，叶阔卵圆形，圆锥花序疏散，果实直径 1～1.5 厘米，花期 5～6 月，果期 8～9 月。识别要点：叶基部心形，弯缺开放，边缘齿牙较小，果小。用途与价值：果可食或酿酒。生境：海拔 1505～2000 米的山坡、沟谷林中或灌丛。山西省分布：乡宁县、垣曲县、沁水县等地。云丘山分布：黄金峪和康家坪停车场附近。

159 变叶葡萄（*Vitis piasezkii*） 葡萄科 Vitaceae 葡萄属 *Vitis*

形态特征：木质藤本，小枝有纵棱纹，嫩枝被褐色柔毛，复叶者中央小叶菱状椭圆形或披针形，圆锥花序疏散，果实球形，花期 5～6 月，果期 8～9 月。**识别要点：**幼枝、叶柄、叶下面有褐色柔毛或长柔毛。**用途与价值：**果可食或酿酒。**生境：**海拔 1070～1500 米的山坡、沟谷杂林木及灌丛中。**山西省分布：**稷山县、乡宁县、绛县等地。**云丘山分布：**云圣快捷酒店和八宝宫附近。

160 蘡薁（*Vitis bryoniifolia*） 葡萄科 Vitaceae 葡萄属 *Vitis*

形态特征：木质藤本，小枝有棱纹，嫩枝密被蛛丝状绒毛或柔毛，叶长圆卵形，圆锥花序与叶对生，果实球形，花期 4～5 月，果期 7～8 月。**识别要点：**叶 3 深裂，一回裂片又浅裂或深裂。**用途与价值：**果可酿，根及全株供药用。**生境：**海拔 150～2500 米的山谷林中、灌丛、沟边或田埂。**山西省分布：**晋城市、介休市、垣曲县等地。**云丘山分布：**黄金峪、善人沟和神仙峪附近。

161 五叶地锦（*Parthenocissus quinquefolia*） 葡萄科 Vitaceae 地锦属 *Parthenocissus*

形态特征：木质藤本，小枝无毛，叶为掌状5小叶，花序假顶生形成主轴明显的圆锥状多歧聚伞花序，果实球形，花期6～8月，果期9～10月。**识别要点：**叶为5小叶的掌状复叶。**用途与价值：**是城市园林垂直绿化的优良树种。**生境：**喜光，能稍耐阴，耐寒，对土壤和气候适应性强，但在肥沃的沙质壤土上生长更好。**山西省分布：**太原市、临汾市、运城市等地。**云丘山分布：**东红花坪、红花坪、云圣快捷酒店和神仙峪附近。

162 软枣猕猴桃（*Actinidia arguta*） 猕猴桃科 Actinidiaceae 猕猴桃属 *Actinidia*

形态特征：大型落叶藤本，小枝基本无毛或幼嫩时星散地薄被柔软绒毛或茸毛，叶膜质或纸质，花序腋生或腋外生，果圆球形至柱状长圆形，不具宿存萼片。**识别要点：**髓白色，叶较厚，花萼脱落，花药紫色，果实先端圆钝有喙。**用途与价值：**果可食也可入药，为滋补强壮、解热、收敛剂。**生境：**海拔1100～1620米的杂木林及灌丛中。**山西省分布：**繁峙县、垣曲县、阳城县等地。**云丘山分布：**一线天附近。

163 五味子（*Schisandra chinensis*） 木兰科 Magnoliaceae 五味子属 *Schisandra*

形态特征：落叶木质藤本，幼枝红褐色，老枝灰褐色，常起皱纹，片状剥落，叶膜质，上部边缘具胼胝质的疏浅锯齿，小浆果红色，果皮具不明显腺点，花期5～7月，果期7～10月。识别要点：雄蕊5，雌蕊群椭圆形，浆果排列在伸长的花托上，形成下垂的穗状花序。用途与价值：果实入药。生境：海拔1200～1700米的沟谷、溪旁、山坡。山西省分布：永济市、五台县门限石乡、平陆县等地。云丘山分布：康家坪停车场、一线天、三官洞和土地庙附近。

164 南蛇藤（*Celastrus orbiculatus*） 卫矛科 Celastraceae 南蛇藤属 *Celastrus*

形态特征：小枝光滑无毛，灰棕色或棕褐色，具稀而不明显的皮孔，叶通常阔倒卵形、近圆形或长方椭圆形，聚伞花序腋生，蒴果近球状，花期5～6月，果期7～9月。识别要点：聚散花序腋生或顶生腋生并存。用途与价值：活血行气，杀虫农药。生境：海拔450～2200米的山地、河边、山坡。山西省分布：霍州市、稷山县、蒲县等地。云丘山分布：葫芦潭、康家坪停车场和土地庙附近。

165 苦皮藤（*Celastrus angulatus*） 卫矛科 Celastraceae 南蛇藤属 *Celastrus*

形态特征： 藤状灌木，小枝常具 4～6 纵棱，皮孔密生，白色，叶大，近革质，聚伞圆锥花序顶生，花序轴及小花轴光滑或被锈色短毛，蒴果近球状，花期 6～7 月，果期 7～10 月。**识别要点：** 聚伞花序顶生呈宽大圆锥状。**用途与价值：** 树皮供造纸，果皮及种子可供工业用。**生境：** 海拔 600～1850 米的山地丛林及山坡灌丛中。**山西省分布：** 沁水县、夏县、芮城县、阳城县等地。**云丘山分布：** 黄金峪和神仙峪附近。

166 葎草（*Humulus scandens*） 桑科 Moraceae 葎草属 *Humulus*

形态特征： 缠绕草本，茎、枝、叶柄均具倒钩刺，叶肾状五角形，背面有柔毛和黄色腺体，雄花圆锥花序，雌花序球果状，花期春夏，果期秋季。**识别要点：** 叶掌状 5 裂，稀 7 裂，苞片卵状披针形，于果时不膨大。**用途与价值：** 茎可造纸，全草清热解毒，种子可制肥皂等。**生境：** 沟边、荒地、废墟、林缘边。**山西省分布：** 全省各地。**云丘山分布：** 东红花坪、云圣快捷酒店、康家坪古村和塔尔坡古村附近。

167 金灯藤（*Cuscuta japonica*） 旋花科 Convolvulaceae 菟丝子属 *Cuscuta*

形态特征：一年生寄生缠绕草本，茎肉质，常带紫红色瘤状斑点，无毛，多分枝，无叶，穗状花序，花萼碗状，裂片背面常有紫红色瘤状突起，蒴果卵圆形，花期8月，果期9月，寄生于草本或灌木上。**识别要点：**柱头明显有2裂片。**用途与价值：**种子药用。**生境：**平原、丘陵或山地。**山西省分布：**太行山、吕梁山。**云丘山分布：**云圣快捷酒店和求子灵池周边。

168 茜草（*Rubia cordifolia*） 茜草科 Rubiaceae 茜草属 *Rubia*

形态特征：攀援藤木，根状茎和其节上的须根均红色，茎数至多条，棱上生倒生皮刺，叶纸质，披针形或长圆状披针形，脉上有微小皮刺，叶柄有倒生皮刺，聚伞花序腋生和顶生，果球形，花期8～9月，果期10～11月。**识别要点：**叶片4片轮生，花黄色或白色，茎粗糙。**用途与价值：**根凉血止血、活血祛瘀。**生境：**海拔900～1800米的山坡林下、路旁草丛、山谷。**山西省分布：**浑源县、平鲁县、五台县、临县等地。**云丘山分布：**神仙峪附近。

169 中国茜草（*Rubia chinensis*） 茜草科 Rubiaceae 茜草属 *Rubia*

形态特征：多年生直立草本，具有发达的紫红色须根，棱上被上向钩状毛，叶4片轮生，边缘有密缘毛，聚伞花序排成圆锥花序式，浆果近球形，花期5～7月，果期9～10月。**识别要点：**叶薄纸质或膜质，基出脉5～7条，在上面微凸。**用途与价值：**可作染料。**生境：**海拔200～1330米的山地林下、林缘和草甸。**山西省分布：**蒲县五鹿山、乡宁县云丘山等地。**云丘山分布：**心形池、三官洞、玉皇顶、土地庙和神仙峪附近。

170 田旋花（*Convolvulus arvensis*） 旋花科 Convolvulaceae 旋花属 *Convolvulus*

形态特征：多年生草本，根状茎横走，茎有条纹及棱角，无毛或上部被疏柔毛，叶卵状长圆形至披针形，叶脉羽状，基部掌状，花序腋生，花冠宽漏斗形，蒴果卵状球形。**识别要点：**缠绕草本，叶基心形或箭形，花冠长15～26毫米。**用途与价值：**全草调经活血、滋阴补虚。**生境：**耕地及海拔1600米左右的荒坡草地上。**山西省分布：**全省各地。**云丘山分布：**客运中心、康家坪停车场和八宝食府附近。

171 打碗花（*Calystegia hederacea*） 旋花科 Convolvulaceae 打碗花属 *Calystegia*

形态特征：一年生草本，全体不被毛，具细长白色的根。茎细，平卧，有细棱。基部叶片长圆形，顶端圆，基部戟形，叶片基部心形或戟形，花腋生，蒴果卵球形。**识别要点：**花和苞片较小，宿萼及苞片与果近等长或稍短，植株常平卧。**用途与价值：**根治妇女月经不调。**生境：**农田、荒地、路旁。**山西省分布：**全省各地。**云丘山分布：**云圣快捷酒店、塔尔坡古村和坂尔上村附近。

172 圆叶牵牛（*Pharbitis purpurea*） 旋花科 Convolvulaceae 牵牛属 *Pharbitis*

形态特征：一年生缠绕草本，茎上被倒向的短柔毛，杂有倒向或开展的长硬毛。叶圆心形或宽卵状心形，花腋生，着生于花序梗顶端成伞形聚伞花序，花冠漏斗状，蒴果近球形，种子卵状三棱形。**识别要点：**叶片通常全缘，外萼片长椭圆形，渐尖。**用途与价值：**攀援棚架，种子有药用价值。**生境：**平地以及海拔 2800 米以下的田边、路边、宅旁或山谷林内。**山西省分布：**全省各地野生或栽培。**云丘山分布：**云圣快捷酒店和塔尔坡古村停车场附近。

173 青杞（*Solanum septemlobum*） 茄科 Solanaceae 茄属 *Solanum*

形态特征：直立草本或灌木状，茎具棱角，被白色具节弯卷的短柔毛至近于无毛，叶互生，卵形，二歧聚伞花序，顶生或腋外生，花冠青紫色，种子扁圆形，浆果，花期夏秋间，果熟期秋末冬初。**识别要点：**叶 5～7 羽状深裂；花萼两齿间连接成角度。**用途与价值：**地上部分药用，可清热解毒。**生境：**山坡向阳处。**山西省分布：**中阳县、临县、沁县等地。**云丘山分布：**康家坪停车场和游仙湖。

174 野海茄（*Solanum japonense*） 茄科 Solanaceae 茄属 *Solanum*

形态特征：草质藤本，无毛或小枝被疏柔毛，叶三角状宽披针形或卵状披针形，侧裂片短而钝，中裂片卵状披针形，聚伞花序，花冠紫色，疏毛，浆果圆形，种子肾形，花期夏秋间，果熟期秋末。**识别要点：**植株无毛或有稀的短柔毛，花直径不超过 1 厘米，叶三角状披针形或卵状披针形。**用途与价值：**清热解毒，利尿消肿，祛风湿。用于风湿关节痛，经闭。**生境：**荒坡、山谷、水边、路旁及山崖疏林下。**山西省分布：**乡宁县云丘山。**云丘山分布：**圣母崖附近。

175 赤瓟（*Thladiantha dubia*） 葫芦科 Cucurbitaceae 赤瓟属 *Thladiantha*

形态特征：攀援草质藤本，全株被黄白色的长柔毛状硬毛，根块状，茎稍粗壮，有棱沟，叶柄稍粗，叶片宽卵状心形，雌雄异株，雄花单生或聚生于短枝的上端呈假总状花序，果实卵状长圆形，种子黑色，平滑无毛，花期6～8月，果期8～10月。识别要点：卷须不分叉；雄花一型，单生于叶腋。用途与价值：果实及根供药用。生境：海拔300～1800米的山坡、河谷及林缘湿处。山西省分布：垣曲县、夏县、绛县等地。云丘山分布：神仙峪周边。

176 栝楼（*Trichosanthes kirilowii*） 葫芦科 Cucurbitaceae 栝楼属 *Trichosanthes*

形态特征：攀援藤本，块根圆柱状，茎较粗，多分枝，具纵棱及槽，被白色伸展柔毛，叶片纸质，轮廓近圆形，花雌雄异株，雄总状花序单生，或与一单花并生，或在枝条上部者单生，种子卵状椭圆形淡黄褐色，近边缘处具棱线，花期5～8月，果期8～10月。识别要点：花冠边缘细裂成流苏状。用途与价值：根清热生津，解毒消肿。生境：海拔200～1800米的山坡林下、灌丛中、草地和村旁田边。山西省分布：晋中市、临汾市、长治市、晋城市、运城市等。云丘山分布：塔尔坡古村和水库附近。

177 地梢瓜（*Cynanchum thesioides*） 萝藦科 Asclepiadaceae 鹅绒藤属 *Cynanchum*

形态特征：直立半灌木，地下茎单轴横生，茎自基部多分枝，叶对生、线形，伞形聚伞花序腋生，花萼外面被柔毛；花冠绿白色，副花冠杯状，裂片三角状披针形，渐尖，高过药隔的膜片，种子扁平、种毛白色绢质，花期 5～8 月，果期 8～10 月。**识别要点：**柱头平展或有突起，与雄蕊近等长。**用途与价值：**有清热止痛、益气之效。**生境：**沙丘或干旱山谷、荒地、田边等处。**山西省分布：**五台县、灵丘县、沁源县、永和县等地。**云丘山分布：**坂尔上村附近。

178 萝藦（*Metaplexis japonica*） 萝藦科 Asclepiadaceae 萝藦属 *Metaplexis*

形态特征：多年生草质藤本，茎圆柱状，下部木质化，上部较柔韧，表面淡绿色，有纵条纹，幼时密被短柔毛，叶膜质，卵状心形，总状式聚伞花序腋生或腋外生，具长总花梗，种子扁平，卵圆形，花期 7～8 月，果期 9～12 月。**识别要点：**柱头细长成丝状，高出花药之外。**用途与价值：**有跌打损伤，止血之效。**生境：**林边荒地、山脚、河边、路旁灌木丛中。**山西省分布：**乡宁县、夏县、绛县。**云丘山分布：**云圣快捷酒店、八宝食府和坂尔上村附近。

179 杠柳（*Periploca sepium*） 萝藦科 Asclepiadaceae 杠柳属 *Periploca*

形态特征：落叶蔓性灌木，主根圆柱状，外皮灰棕色，内皮浅黄色，具乳汁，除花外，全株无毛，茎皮灰褐色，小枝通常对生，有细条纹，叶背淡绿色，聚伞花序腋生，种子长圆形，黑褐色，顶端具白色绢质种毛，花期 5～6 月，果期 7～9 月。**识别要点：**花丝离生、木质藤本。**用途与价值：**根皮、茎皮入药。**生境：**平原及低山丘的林缘、沟坡、河边沙质地或地埂等处。**山西省分布：**离石市、乡宁县、五台县等地。**云丘山分布：**康家坪停车场、葫芦潭和游仙湖附近。

180 鹅绒藤（*Cynanchum chinense*） 萝藦科 Asclepiadaceae 鹅绒藤属 *Cynanchum*

形态特征：缠绕草本，主根圆柱状，全株被短柔毛，叶对生，薄纸质，宽三角状心形，叶面深绿色，叶背苍白色，两面均被短柔毛，脉上较密，伞形聚伞花序腋生，两歧，种子长圆形，种毛白色绢质，花期 6～8 月，果期 8～10 月。**识别要点：**叶背苍白色，花梗有毛。**用途与价值：**根及茎乳汁供药用。**生境：**海拔 500 米以下的山坡向阳灌木丛中或路旁、河畔、田埂边。**山西省分布：**离石市、朔州市、浑源县等地。**云丘山分布：**云圣快捷酒店、游仙湖和八宝食府附近。

181 牛皮消（*Cynanchum auriculatum*） 萝藦科 Asclepiadaceae 鹅绒藤属 *Cynanchum*

形态特征：蔓性半灌木，根肥厚，呈块状，茎圆形，被微柔毛，叶对生，膜质，被微毛，宽卵形至卵状长圆形，聚伞花序伞房状，花萼裂片卵状长圆形，花冠白色，辐状，种子卵状椭圆形，种毛白色绢质，花期 6～9 月，果期 7～11 月。**识别要点：**叶基弯缺，花梗无毛。**用途与价值：**药用全草及块根。**生境：**3500 米以下的山坡林缘或河流、水沟边潮湿地。**山西省分布：**介休市、稷山县等地。**云丘山分布：**云圣快捷酒店和葫芦潭附近。

182 北马兜铃（*Aristolochia contorta*）

马兜铃科 Aristolochiaceae 马兜铃属 *Aristolochia*

形态特征：草质藤本，茎长达 2 米以上，无毛，干后有纵槽纹，叶纸质，卵状心形或三角状心形，两面均无毛，总状花序有花 2～8 朵或有时仅一朵生于叶腋，蒴果宽倒卵形或椭圆状倒卵形，种子三角状心形，花期 5～7 月，果期 8～10 月。**识别要点：**缠绕藤本，叶基部心形。**用途与价值：**有清热降气、止咳平喘功效。**生境：**喜气候较温暖、湿润，土壤肥沃、腐殖质丰富的沙壤中。**山西省分布：**中条山、吕梁山、五台山等地。**云丘山分布：**云圣快捷酒店和八宝宫附近。

183 蝙蝠葛（*Menispermum dauricum*）

防己科 Menispermaceae　蝙蝠葛属 *Menispermum*

形态特征：草质、落叶藤本，根状茎褐色，垂直生，茎自位于近顶部的侧芽生出，一年生茎纤细，有条纹，无毛，叶纸质或近膜质，轮廓通常为心状扁圆形，圆锥花序单生或有时双生，有细长的总梗，核果紫黑色，花期6～7月，果期8～9月。**识别要点：**核果扁球形，成熟时黑紫色。**用途与价值：**有祛风、利尿、解热和镇痛的功效。**生境：**路边灌丛或疏林中。**山西省分布：**太原市、临汾市、晋城市。**云丘山分布：**康家坪古村、窑洞大院和康家坪停车场附近。

184 葛（*Pueraria lobata*）　豆科 Leguminosae　葛属 *Pueraria*

形态特征：粗壮藤本，全体被黄色长硬毛，托叶背着，卵状长圆形，具线条茎基部木质，块状根，羽状复叶具3小叶，总状花序，苞片线状披针形至线形，花萼钟形，被黄褐色柔毛，裂片披针形，荚果长椭圆形，花期9～10月，果期11～12月。**识别要点：**花瓣几相等，花冠钟形。**用途与价值：**根供食用和酿酒，可入药。**生境：**山地疏或密林中。**山西省分布：**介休市、芮城县、中条山等地。**云丘山分布：**神仙峪、神泉和水库附近。

185 两型豆（*Amphicarpaea edgeworthii*） 豆科 Leguminosae 两型豆属 *Amphicarpaea*

形态特征：一年生缠绕草本，茎纤细，被淡褐色柔毛，叶具羽状3小叶，具明显线纹，两面常被贴伏的柔毛，花二型：生在茎上部的为正常花，结的荚果为长圆形或倒卵状长圆形，种子肾状圆形，黑褐色，种脐小，花期、果期8～11月。**识别要点：**子房基部的鞘状花盘不明显。**用途与价值：**茎、叶可作饲料，根入药。**生境：**海拔300～1800米的山坡路旁及旷野草地上。**山西省分布：**沁水县、夏县、太岳山七里峪。**云丘山分布：**神仙峪和神泉附近。

186 鞘柄菝葜（*Smilax stans*） 百合科 Liliaceae 菝葜属 *Smilax*

形态特征：落叶灌木或半灌木，茎和枝条稍具棱，无刺，叶纸质，卵状披针形，下面稍苍白色或有时有粉尘状物，花序具1～3朵或更多的花，总花梗纤细，比叶柄长3～5倍，花序托不膨大，花绿黄色，浆果，具粉霜，花期5～6月，果期10月。**识别要点：**叶脱落时完全不带叶柄。**用途与价值：**有解毒祛风的作用。**生境：**海拔400～3200米的林下、灌丛中或山坡阴处。**山西省分布：**阳城县、沁源县、陵川县等地。**云丘山分布：**玉皇顶、土地庙和三号缆车附近。

187 淫羊藿（*Epimedium brevicornu*） 小檗科 Berberidaceae 淫羊藿属 *Epimedium*

形态特征：多年生草本，根状茎粗短，木质化，暗棕褐色，二回三出复叶基生和茎生，顶生小叶基部裂片圆形，侧生小叶基部裂片稍偏斜，圆锥花序，序轴及花梗被腺毛，蓇果，宿存花柱喙状，花期5～6月，果期6～8月。识别要点：蓇果，花柱宿存，呈喙状。用途与价值：有补肾强筋、祛风除湿的作用。生境：林下、沟边灌丛中或山坡阴湿处。山西省分布：永济市、蒲县、沁水县。云丘山分布：玉皇顶和三号缆车附近。

188 短梗菝葜（*Smilax scobinicaulis*） 百合科 Liliaceae 菝葜属 *Smilax*

形态特征：茎和枝条通常疏生刺或近无刺，较少密生刺，稍黑色，叶卵形或椭圆状卵形，干后有时变为黑褐色，总花梗很短，一般不到叶柄长度的一半，雌花具3枚退化雄蕊，浆果直径6～9毫米，花期5月，果期10月。识别要点：叶草质、椭圆状卵形，基部钝或浅心形。用途与价值：根有治关节痛、祛风除湿的作用。生境：海拔600～2000米的林下、灌丛下或山坡阴处。山西省分布：临汾市、运城市、沁水县。云丘山分布：三官洞、心形池和三号缆车附近。

189 黑果菝葜（*Smilax glaucochina*） 百合科 Liliaceae 菝葜属 *Smilax*

形态特征：攀援灌木，具粗短的根状茎，叶厚纸质，先端微凸，基部圆形或宽楔形，下面苍白色，伞形花序通常生于叶稍幼嫩的小枝上，雌花与雄花大小相似，具 3 枚退化雄蕊，浆果，熟时黑色，具粉霜，花期 3～5 月，果期 10～11 月。**识别要点：**总花梗长于叶柄。**用途与价值：**根可制糕点。**生境：**海拔 1600 米以下的林下、灌丛中或山坡上。**山西省分布：**永济市、乡宁县、沁水县、夏县。**云丘山分布：**神仙峪附近。

190 穿龙薯蓣（*Dioscorea nipponica*） 薯蓣科 Dioscoreaceae 薯蓣属 *Dioscorea*

形态特征：缠绕草质藤本，根状茎横生，多分枝，茎左旋，叶片掌状心形，边缘作不等大的三角状浅裂、中裂或深裂，花雌雄异株，花序基部常由 2～4 朵集成小伞状，至花序顶端常为单花，蒴果成熟后枯黄色，花期 6～8 月，果期 8～10 月。**识别要点：**种子上或下端具翅，呈长圆形。**用途与价值：**治腰腿疼痛、筋骨麻木、跌打损伤、咳嗽喘息。**生境：**河谷两侧半阴半阳的山坡灌木丛中和稀疏杂木林内及林缘。**山西省分布：**介休市、五台县、阳曲县等地。**云丘山分布：**神仙峪附近。

191 小果博落回（*Macleaya microcarpa*） 罂粟科 Papaveraceae 博落回属 *Macleaya*

形态特征：直立草本，具乳黄色浆汁，茎，淡黄绿色，光滑，多白粉，叶片宽卵形，先端急尖、钝或圆形，边缘波状、缺刻状、粗齿或多细齿，大型圆锥花序多花，生于茎和分枝顶端，蒴果近圆形，种皮具孔状雕纹，无种阜，花果期6～10月。**识别要点：**花瓣缺。**用途与价值：**全草有毒，外入药，无内服。**生境：**海拔450～1600米的山坡、路边草地或灌丛中。**山西省分布：**夏县、垣曲、新绛县等地。**云丘山分布：**云圣快捷酒店、红花坪和善人沟附近。

192 角茴香（*Hypecoum erectum*） 罂粟科 Papaveraceae 角茴香属 *Hypecoum*

形态特征：一年生草本，花茎多，二歧状分枝，叶片轮廓倒披针形，多回羽状细裂，裂片线形，先端尖，基部扩大成鞘，茎生叶同基生叶，二歧聚伞花序多花，蒴果长圆柱形，种子多数，近四棱形，两面均具"十"字形的突起，花果期5～8月。**识别要点：**花瓣无矩，也不成囊状。**用途与价值：**有清热、解毒、消炎、镇痛之效。**生境：**海拔400～1200米的山坡草地或河边砂地。**山西省分布：**运城市、临汾市、沁水县。**云丘山分布：**坂尔上村附近。

193 秃疮花（*Dicranostigma leptopodum*）

罂粟科 Papaveraceae　　秃疮花属 *Dicranostigma*

形态特征：多年生草本，全体含淡黄色液汁，被短柔毛，茎绿色，具粉，叶片狭倒披针形，表面绿色，背面灰绿色，疏被白色短柔毛，花于茎和分枝先端排列成聚伞花序，蒴果，种子卵珠形，红棕色，具网纹，花期 3～5 月，果期 6～7 月。**识别要点：**种子不具鸡冠状突起。**用途与价值：**根及全草供药用。**生境：**海拔 400～2900 米的草坡或路旁，田埂、墙头、屋顶。**山西省分布：**临汾市、运城市。**云丘山分布：**东红花坪和琪尔康度假村附近。

194 白屈菜（*Chelidonium majus*）罂粟科 Papaveraceae　白屈菜属 *Chelidonium*

形态特征：多年生草本，圆锥形，侧根多，茎聚伞状多分枝，分枝常被短柔毛基生叶少，早凋落，叶片倒卵状长圆形或宽倒卵形，伞形花序多花，花瓣倒卵形，黄色，花丝丝状，黄色，花药长圆形，暗褐色，具光泽及蜂窝状小格，花果期 4～9 月。**识别要点：**伞形花序，花具苞片。**用途与价值：**全草及根入药，根有破瘀止痛之效。**生境：**海拔 500～2200 米的山坡、山谷林缘草地或路旁、石缝。**山西省分布：**太岳山、云丘山。**云丘山分布：**土地庙、三官洞和玉皇顶附近。

195 沼生蔊菜（*Rorippa islandica*） 十字花科 Cruciferae 蔊菜属 *Rorippa*

形态特征：一或二年生草本，茎直立，单一成分枝，基生叶多数，具柄，叶片羽状深裂或大头羽裂，总状花序顶生或腋生，果期伸长，花小，多数，黄色成淡黄色，具纤细花梗，短角果椭圆形或近圆柱形，花期4～7月，果期6～8月。**识别要点：**基生叶及茎下部叶羽状深裂。**用途与价值：**嫩株可作饲料。**生境：**潮湿环境或近水处、溪岸、路旁、田边、山坡草地及草场。**山西省分布：**全省各地。**云丘山分布：**玉莲洞附近。

196 芸薹（*Brassica campestris*） 十字花科 Cruciferae 芸薹属 *Brassica*

形态特征：二年生草本，茎粗壮，直立，分枝或不分枝，无毛或近无毛，稍带粉霜，基生叶大头羽裂，顶裂片圆形或卵形，边缘有不整齐弯缺牙齿，总状花序在花期成伞房状，长角果线形，种子球形，紫褐色，花期3～4月，果期5月。**识别要点：**花序轴及果瓣不带紫色。**用途与价值：**全株供食用或药用。**生境：**田野农田。**山西省分布：**临汾市、运城市、太原市。**云丘山分布：**云圣快捷酒店和善人沟附近。

197 葶苈（*Draba nemorosa*） 十字花科 Cruciferae 葶苈属 *Draba*

形态特征：一年或二年生草本，茎直立，疏生叶片或无叶，下部密生单毛、叉状毛和星状毛，上部渐稀至无毛，基生叶莲座状，长倒卵形，总状花序，密集成伞房状，短角果，被短单毛，种子褐色，种皮有小疣，花期 3～4 月上旬，果期 5～6 月。识别要点：短角果有单毛。用途与价值：有清热祛痰、定喘、利尿之效。生境：田边路旁、山坡草地及河谷湿地。山西省分布：太原市、五台山等地。云丘山分布：云圣快捷酒店、坂尔上村和康家坪古村附近。

198 播娘蒿（*Descurainia sophia*） 十字花科 Cruciferae 播娘蒿属 *Descurainia*

形态特征：一年生草本，茎直立，分枝多，叶为 3 回羽状深裂，花序伞房状，果期伸长，萼片直立，早落，长圆条形，背面有分叉细柔毛，花瓣黄色，长圆状倒卵形，种子多数，长圆形，淡红褐色，表面有细网纹，花期 4～5 月。识别要点：花黄色或乳黄色。用途与价值：有祛痰消肿、定喘利尿之效。生境：山坡、田野及农田。山西省分布：太原市、临汾市、大同市等地。云丘山分布：云圣快捷酒店和芦院沟附近。

199 小花糖芥（*Erysimum cheiranthoides*） 十字花科 Cruciferae 糖芥属 *Erysimum*

形态特征：一年生草本，茎直立，有棱角，具 2 叉毛，基生叶莲座状，无柄，平铺地面，茎生叶披针形或线形，边缘具深波状疏齿，总状花序顶生，花瓣浅黄色，长圆形，长角果圆柱形，侧扁，稍有棱，具 3 叉毛，花期 5 月，果期 6 月。识别要点：长角果有散生星状毛。用途与价值：种子为工业用油。生境：海拔 500～2000 米的山坡、山谷、路旁及村旁荒地。山西省分布：全省各地。云丘山分布：琪尔康度假村附近。

200 路边青（*Geum aleppicum*） 蔷薇科 Rosaceae 路边青属 *Geum*

形态特征：多年生草本，须根簇生，茎直立，被开展粗硬毛稀几无毛，茎生叶羽状复叶，顶生小叶最大，菱状广卵形或宽扁圆形，托叶大，聚合果倒卵球形，瘦果被长硬毛，花柱宿存部分无毛，顶端有小钩，花期、果期 7～10 月。识别要点：花柱上部有关节，成熟时脱落。用途与价值：全株含鞣质，可提制栲胶。生境：山坡草地、沟边、地边、河滩、林间隙地及林缘。山西省分布：中条山、太岳山、五台山等地。云丘山分布：三号缆车和黄金峪附近。

201 龙芽草（*Agrimonia pilosa*） 蔷薇科 Rosaceae 龙芽草属 *Agrimonia*

形态特征：多年生草本，根多呈块茎状，茎被疏柔毛，稀下部被稀疏长硬毛叶为间断奇数羽状复叶，小叶片无柄或有短柄，花序穗状总状顶生，分枝或不分枝，花序轴被柔毛，果实倒卵圆锥形，被疏柔毛，顶端有数层钩刺，花期、果期 5～12 月。**识别要点：**花萼下有钩刺。**用途与价值：**全草药用，治疗阴虚发热、咳嗽吐血、肺痈、咽喉肿痛、消渴、便秘。**生境：**海拔 100～3800 米的溪边、路旁、草地、灌丛、林缘及疏林下。**山西省分布：**蒲县、中条山、太岳山、五鹿山等地。**云丘山分布：**水库和黄金峪附近。

202 皱叶委陵菜（*Potentilla ancistrifolia*） 蔷薇科 Rosaceae 委陵菜属 *Potentilla*

形态特征：多年生草本，根粗壮，木质，花茎直立，被稀疏柔毛，上部有时混生有腺毛，基生叶为羽状复叶，伞房状聚伞花序顶生，密被长柔毛和腺毛，花瓣黄色，倒卵长圆形，顶端圆形，瘦果表面有脉纹，脐部有长柔毛，花果期 5～9 月。**识别要点：**花茎和叶柄伏生疏柔毛。**用途与价值：**全草入药，能清热解毒、止血、止痢。**生境：**海拔 300～2400 米的山坡草地、岩石缝、多砂砾地及灌木林下。**山西省分布：**五台山、灵空山等地。**云丘山分布：**圣母崖、一线天和玉莲洞附近。

203 蛇莓（*Duchesnea indica*） 蔷薇科 Rosaceae 蛇莓属 *Duchesnea*

形态特征：多年生草本，根茎短，有柔毛，小叶片倒卵形至菱状长圆形，先端圆钝，边缘有钝锯齿，两面皆有柔毛，花单生于叶腋，外面有散生柔毛，瘦果卵形，光滑或具不显明突起，鲜时有光泽，花期6～8月，果期8～10月。识别要点：副萼片比萼片大。用途与价值：全草入药，能祛风、镇痛。生境：海拔1800米以下的山坡、河岸、草地、潮湿的地方。山西省分布：五台山、云顶山、中条山等。云丘山分布：神仙峪和云圣快捷酒店附近。

204 绢毛匍匐委陵菜（*Potentilla reptans* var. *sericophylla*） 蔷薇科 Rosaceae 委陵菜属 *Potentilla*

形态特征：多年生匍匐草本，根多分枝，常具纺锤状块根，节上生不定根，被稀疏柔毛或脱落几无毛，基生叶为三出掌状复叶，单花自叶腋生或与叶对生，萼片卵状披针形，顶端急尖，瘦果黄褐色，外面被显著点纹，花果期4～9月。识别要点：叶片下面伏生绢状疏柔毛。用途与价值：全草入药，有发表、止咳作用。生境：海拔300～3500米的山坡草地、渠旁、溪边灌丛。山西省分布：晋城市、五台山、垣曲县等。云丘山分布：黄金峪附近。

205 委陵菜（*Potentilla chinensis*）　蔷薇科 Rosaceae　委陵菜属 *Potentilla*

形态特征：多年生草本，根圆柱形，稍木质化，花茎直立或上升，被稀疏短柔毛及白色绢状长柔毛，基生叶托叶近膜质，褐色，茎生叶托叶草质，绿色，边缘锐裂，伞房状聚伞花序，瘦果卵球形，深褐色，有明显皱纹，花期、果期 4～10 月。**识别要点：**托叶呈齿牙状分裂。**用途与价值：**全草入药，有清热解毒、止血作用。**生境：**海拔 400～3200 米的山坡草地、沟谷、林缘。**山西省分布：**五台山、太岳山、中条山等地。**云丘山分布：**云圣快捷酒店、琪尔康度假村和水库附近。

206 多茎委陵菜（*Potentilla multicaulis*）　蔷薇科 Rosaceae　委陵菜属 *Potentilla*

形态特征：多年生草本，花茎多，暗红色，被白色长柔毛，基生叶为羽状复叶，叶柄暗红色，被白色长柔毛，小叶片对生稀互生，无柄，椭圆形至倒卵形，上部小叶远比下部小叶大，聚伞花序多花，瘦果卵球形有皱纹，花果期 4～9 月。**识别要点：**小叶片边缘平，托叶全缘。**用途与价值：**根可提制栲胶。**生境：**耕地边、沟谷阴处、向阳砾石山坡、草地及疏林下。**山西省分布：**临县、阳城县、五台山等地。**云丘山分布：**黄金峪附近。

207 朝天委陵菜（*Potentilla supina*） 蔷薇科 Rosaceae 委陵菜属 *Potentilla*

形态特征：一年生或二年生草本，茎平展，叉状分枝，基生叶羽状复叶，小叶互生或对生，无柄，最上面1～2对小叶基部下延与叶轴合生，小叶片长圆形或倒卵状长圆形，伞房状聚伞花序，瘦果长圆形，表面具脉纹，花期、果期3～10月。**识别要点：**花瓣比萼片短或等长。**用途与价值：**嫩苗可作猪饲料。**生境：**海拔100～2000米的田边、荒地、河岸沙地。**山西省分布：**五台县、沁源县、娄烦县等地。**云丘山分布：**琪尔康度假村和善人沟附近。

208 蒺藜（*Tribulus terrester*） 蒺藜科 Zygophyllaceae 蒺藜属 *Tribulus*

形态特征：一年生草本，茎平卧，无毛，被长柔毛或长硬毛，偶数羽状复叶，小叶对生，矩圆形或斜短圆形，先端锐尖或钝，基部稍偏科，被柔毛，全缘，花腋生，花梗短于叶，花黄色，花期5～8月，果期6～9月。**识别要点：**果为分果，果瓣不开裂。**用途与价值：**果实入药，种子榨油。**生境：**沙地、荒地、山坡、居民点附近。**山西省分布：**全省各地野生。**云丘山分布：**坂尔上村和红花坪附近。

209 费菜（*Sedum aizoon*） 景天科 Crassulaceae 景天属 *Sedum*

形态特征：多年生草本，根状茎短，不分枝，叶互生，狭披针形、椭圆状披针形至卵状倒披针形，先端渐尖，基部楔形，边缘有不整齐的锯齿，叶坚实，近革质，聚伞花序有多花，下托以苞叶，花瓣5，黄色，花期6～7月，果期8～9月。**识别要点：**叶披针形，花序平顶状。**用途与价值：**全草入药，镇痛安神。**生境：**耐干旱瘠薄，生山坡岩石上和荒地上。**山西省分布：**霍州市、夏县、陵川县、阳城县等地。**云丘山分布：**黄金峪附近。

210 马齿苋（*Portulaca oleracea*） 马齿苋科 Portulacaceae 马齿苋属 *Portulaca*

形态特征：一年生草本，全株无毛，茎平卧或斜倚，伏地铺散，叶互生，叶片扁平，肥厚，倒卵形，似马齿状，花无梗，蒴果卵球形，种子细小，多数，偏斜球形，黑褐色，有光泽，具小疣状凸起，花期5～8月，果期6～9月。**识别要点：**叶片扁形，全体光滑无毛。**用途与价值：**全草入药，清热解毒。**生境：**性喜肥沃土壤，耐旱亦耐涝。**山西省分布：**运城市、晋城市、太原市和五台县等地。**云丘山分布：**塔尔坡古村停车场和康家坪古村附近。

211 繁缕景天（*Sedum stellariifolium*） 景天科 Crassulaceae 景天属 *Sedum*

形态特征：一年生或二年生草本，植株被腺毛，茎直立，被腺毛，叶互生，正三角状宽卵形，先端急尖，基部宽楔形至截形，总状聚伞花序，花顶生，先端渐尖，花瓣 5，黄色，披针状长圆形，种子有纵纹，褐色，花期 6～8 月，果期 8～9 月。**识别要点：**花有梗，植株被腺状毛，叶互生，倒卵状菱形，有柄。**用途与价值：**主热毒疮疡、乳痈、丹毒、无名肿毒和水火烫伤。**生境：**上坡或山谷土上或石缝中。**山西省分布：**芮城县大王镇、阳城县云蒙山、晋城市泽州县东大河、交城县卦山、五台县耿镇镇、五台县金岗库乡等地。**云丘山分布：**神仙峪附近。

212 瓦松（*Orostachys fimbriatus*） 景天科 Crassulaceae 瓦松属 *Orostachys*

形态特征：二年生草本。花茎一般高 10～20 厘米，叶线形至披针形，花序总状，花瓣 5，红色，种子卵形，花期 8～9 月，果期 9～10 月。**识别要点：**叶全部具尖，莲座状基生叶先端有软骨质的刺尖并边缘流苏状，花粉红色。**用途与价值：**可提制草酸，可制成蛋白后供食用，全草入药可止血、活血、敛疮，可作农药。**生境：**海拔 1600 米以下的山坡、石上或屋瓦上。**山西省分布：**芮城县、恒曲县、乡宁县关王庙乡、稷山县清河镇、临县甘川沟村、五台县等地。**云丘山分布：**三天门、二天门和一天门附近。

213 田麻（*Corchoropsis tomentosa*） 椴树科 Tiliaceae　田麻属 *Corchoropsis*

形态特征：一年生草本，分枝有星状短柔毛，叶卵形，边缘有钝牙齿，两面均密生星状短柔毛，托叶钻形，脱落，花有细柄，单生于叶腋，狭窄披针形，花瓣 5 片，黄色，倒卵形，蒴果角状圆筒形，有星状柔毛，果期秋季。**识别要点：**雄蕊中有 5 条退化雄蕊。**用途与价值：**茎皮纤维可制绳索或麻袋。**生境：**田边、田野荒地。**山西省分布：**垣曲县历山。**云丘山分布：**坂尔上村附近。

214 苘麻（*Abutilon theophrasti*） 锦葵科 Malvaceae　苘麻属 *Abutilon*

形态特征：一年生亚灌木状草本，茎枝被柔毛，叶互生，边缘具细圆锯齿，两面均密被星状柔毛，花单生于叶腋，被柔毛，近顶端具节，花萼杯状，密被短绒毛，卵形，花黄色，花瓣倒卵形，种子肾形，褐色，被星状柔毛，花期 7～8 月。**识别要点：**无小苞片，心皮先端叉开。**用途与价值：**全草可作药用。**生境：**路旁、荒地和田野间。**山西省分布：**介休市、晋城市、五台县等地。**云丘山分布：**坂尔上村附近。

215 红柴胡（*Bupleurum scorzonerifolium*） 伞形科 Umbelliferae 柴胡属 *Bupleurum*

形态特征：多年生草本，主根深红棕色，表面略皱缩，茎单一或2～3，基部密覆叶柄残余纤维，细圆，有细纵槽纹，茎上部有多回分枝，略呈“之”字形弯曲，伞形花序自叶腋间抽出，花序多，果广椭圆形，棱浅褐色，花期7～8月，果期8～9月。**识别要点：**叶线形，长6～16厘米。**用途与价值：**解表退热，疏肝解郁，升举阳气。**生境：**海拔160～2250米的干燥的草原及向阳山坡上。**山西省分布：**浑源县、宁武县、五台县等地。**云丘山分布：**客运中心和云圣快捷酒店附近。

216 北柴胡（*Bupleurum chinense*） 伞形科 Umbelliferae 柴胡属 *Bupleurum*

形态特征：多年生草本，主根较粗大，棕褐色，质坚硬，茎单一或数茎，表面有细纵槽纹，基生叶倒披针形或狭椭圆形，叶表面鲜绿色，背面淡绿色，常有白霜，复伞形花序，果广椭圆形，棕色，两侧略扁，花期9月，果期10月。**识别要点：**小伞形花序多而小。**用途与价值：**全草可作药用。**生境：**向阳山坡路边、岸旁或草丛中。**山西省分布：**浑源县、灵丘县、山阴县等地。**云丘山分布：**黄金峪附近。

217 墓头回（*Patrinia heterophylla*） 败酱科 Valerianaceae　败酱属 *Patrinia*

形态特征：多年生草本，根状茎横走，茎被倒生微糙伏毛，叶片边缘圆齿状或具糙齿状缺刻，花黄色，聚伞花序，瘦果长圆形或倒卵形，顶端平截，不育子室上面疏被微糙毛，能育子室下面及上缘被微糙毛或几无毛，花期 7～9 月，果期 8～10 月。**识别要点：**翅果果苞成具两条主脉。**用途与价值：**全草可作药用。**生境：**海拔 800～2100 米的山地岩缝中、草丛中、路边、沙质坡上。**山西省分布：**中条山、太岳山、云顶山等地。**云丘山分布：**玉皇顶、三号缆车和土地庙附近。

218 败酱（*Patrinia scabiosaefolia*） 败酱科 Valerianaceae　败酱属 *Patrinia*

形态特征：多年生草本，根状茎横卧或斜生，茎黄绿色至黄棕色，基生叶丛生，茎生叶对生，花序为聚伞花序组成的大型伞房花序，花梗上方一侧被开展白色粗糙毛，总苞线形，甚小，苞片小，花小，萼齿不明显，花冠钟形，花期 7～9 月。**识别要点：**果无翅状苞片。**用途与价值：**全草可作药用。**生境：**海拔 400～2100 米的山坡林下、灌丛中及路边、田埂边的草丛中。**山西省分布：**全省各地。**云丘山分布：**玉皇顶和三号缆车附近。

219 黄花菜（*Hemerocallis citrina*） 百合科 Liliaceae 萱草属 *Hemerocallis*

形态特征：多年生草本，根近肉质，中下部常有纺锤状膨大，叶基生，花葶长短不一，基部三棱形，花梗较短，花被淡黄色，有时在花蕾时顶端带黑紫色，蒴果钝三棱状椭圆形，种子黑色，有棱，花期、果期5～9月。**识别要点：**花被管长3～5厘米。**用途与价值：**根可以酿酒，叶可以造纸和编制草垫。**生境：**海拔2000米以下的山坡、山谷、荒地或林缘。**山西省分布：**全省各地野生或栽培。**云丘山分布：**坂尔上村和康家坪停车场附近。

220 北黄花菜（*Hemerocallis lilioasphodelus*） 百合科 Liliaceae 萱草属 *Hemerocallis*

形态特征：多年生草本，根大小变化较大，一般稍肉质，多少绳索状，花葶长于或稍短于叶，花序分枝，常为假二歧状的总状花序或圆锥花序，苞片披针形，在花序基部的长可达3～6厘米，花梗长短不一，花被淡黄色，蒴果，花期、果期6～9月。**识别要点：**花被管长1～2.5厘米。**用途与价值：**花可食用。**生境：**海拔500～2300米的草甸、湿草地、荒山坡或灌丛下。**山西省分布：**晋城市、垣曲县、灵空山等地。**云丘山分布：**康家坪停车场和葫芦潭附近。

221 萱草（*Hemerocallis fulva*） 百合科 Liliaceae 萱草属 *Hemerocallis*

形态特征：多年生草本，根近肉质，中下部有纺锤状膨大，叶一般较宽；花早上开晚上凋谢，无香味，橘红色至橘黄色，内花被裂片下部一般有“∧”形彩斑，花被管较粗短，花期、果期 5～7 月。**识别要点：**内花被裂片下部一般有“∧”形彩斑。**用途与价值：**供观赏。**生境：**路边。**山西省分布：**全省各地广泛栽培。**云丘山分布：**八宝宫附近。

222 天蓝苜蓿（*Medicago lupulina*） 豆科 Leguminosae 苜蓿属 *Medicago*

形态特征：一二年生或多年生草本，全株被柔毛或有腺毛，主根浅，须根发达，羽状三出复叶，花序小头状，总花梗细，挺直，比叶长，密被贴伏柔毛，苞片刺毛状，荚果肾形，表面具同心弧形脉纹，被稀疏毛，花期 7～9 月，果期 8～10 月。**识别要点：**荚果肾形，种子一粒。**用途与价值：**为优良牧草，可作绿肥。**生境：**河岸、路边、田野及林缘。**山西省分布：**太原市、中条山、太岳山。**云丘山分布：**云圣快捷酒店和坂尔上村附近。

223 花苜蓿（*Medicago ruthenica*） 豆科 Leguminosae 苜蓿属 *Medicago*

形态特征：多年生草本，主根深入土中，羽状三出复叶，叶柄比小叶短，被柔毛，花序伞形，总花梗腋生，通常比叶长，苞片刺毛状，花被柔毛，花冠黄褐色，旗瓣倒卵状长圆形，种子椭圆状卵形，种脐偏于一端胚根发达。识别要点：荚果扁平，先端喙短或不明显。用途与价值：可作优良牧草，也可用于预防和治疗关节炎、痛风、肝炎和肾结石等病症。生境：草原、砂地、河岸及砂砾质土壤的山坡旷野。山西省分布：云丘山。云丘山分布：芦院沟、前庄、后庄和黄金峪周边。

224 紫苜蓿（*Medicago sativa*） 豆科 Leguminosae 苜蓿属 *Medicago*

形态特征：多年生草本，根粗壮，茎直立、丛生以至平卧，四棱形，无毛或微被柔毛，羽状三出复叶，花序总状或头状，总花梗挺直，比叶长；苞片线状锥形，荚果，螺旋状紧卷 2～4（～6）圈，中央无孔或近无孔，花期 5～7 月，果期 6～8 月。识别要点：花紫色。用途与价值：茎、叶为优良饲料。生境：田边、路旁、旷野、草原、河岸及沟谷等地。山西省分布：太原市、中条山、太岳山。云丘山分布：黄金峪和坂尔上村附近。

225 草木犀（*Melilotus officinalis*）　豆科 Leguminosae　草木犀属 *Melilotus*

形态特征：二年生草本，茎直立，粗壮，多分枝，具纵棱，微被柔毛，羽状三出复叶，总状花序，腋生，花序轴在花期中显著伸展，荚果，先端具宿存花柱，表面具凹凸不平的横向细网纹，种子平滑，花期 5～9 月，果期 6～10 月。**识别要点：**荚果对称，表面有网纹。**用途与价值：**作牧草及绿肥。**生境：**山坡、河岸、路旁、砂质草地及林缘。**山西省分布：**太原市、临汾市、晋城市、中条山、太岳山。**云丘山分布：**云圣快捷酒店、康家坪停车场、游仙湖和坂尔上村周边。

226 白花草木犀（*Melilotus albus*）　豆科 Leguminosae　草木犀属 *Melilotus*

形态特征：一二年生草本，茎直立，圆柱形，中空，几无毛，羽状三出复叶，总状花序，腋生，排列疏松，苞片线形，花梗短，萼钟形，荚果椭圆形至长圆形，具尖喙表面脉纹细，棕褐色，种子表面具细瘤点，花期 5～7 月，果期 7～9 月。**识别要点：**花冠白色，荚果无毛。**用途与价值：**作牧草及绿肥。**生境：**田边、路旁荒地及湿润的砂地。**山西省分布：**霍州市七里峪、灵石县介庙及绵山。**云丘山分布：**八宝宫、康家坪古村和坂尔上村附近。

227 草木樨状黄耆（*Astragalus melilotoides*）

豆科 Leguminosae　　黄耆属 *Astragalus*

形态特征： 多年生草本，主根粗壮，茎具条棱，被白色短柔毛或近无毛，羽状复叶，总状花序生多数花，稀疏，总花梗远较叶长，苞片小，披针形，连同花序轴均被白色短伏贴柔毛，花萼短钟状，荚果，种子暗褐色，花期 7～8 月，果期 8～9 月。**识别要点：** 小叶 3～5 毫米，宽 1.5～3 毫米。**用途与价值：** 牧草，也可作为沙区及黄土丘陵地区水土保持草种，茎秆可作扫帚。**生境：** 向阳山坡、路旁草地或草甸草地。**山西省分布：** 五台县、娄烦县及浑源县等。**云丘山分布：** 康家坪古村和黄金峪附近。

228 黄堇（*Corydalis pallida*） 罂粟科 Papaveraceae　紫堇属 *Corydalis*

形态特征： 灰绿色丛生草本，具主根，呈须根状，茎发自基生叶腋，具棱，基生叶多数，莲座状，花期枯萎，总状花顶生和腋生，有时对叶生，疏具多花和或长或短的花序轴，种子表面密具圆锥状突起，种阜帽状，约包裹种子的 1/2。**识别要点：** 种子具乳头状突起。**用途与价值：** 有清热解毒和杀虫的功能。**生境：** 海拔 1300 米左右的山地林下、阴山坡。**山西省分布：** 稷山县、阳城县及垣曲县等。**云丘山分布：** 圣母崖附近。

229 房山紫堇（*Corydalis fangshanensis*） 罂粟科 Papaveraceae 紫堇属 *Corydalis*

形态特征：灰绿色丛生草本，根茎多头，向上发出多茎，茎不分枝，花葶状，无叶，基生叶多数，总状花序，疏具多花，苞片披针形，花平展，萼片卵圆形，蒴果，种子肾形，种阜柄状，紧贴。**识别要点：**花淡紫红色至近白色，长约 2 厘米，具浅鸡冠状突起。**用途与价值：**根药用，清热解毒。**生境：**海拔 500～1600 米的石灰岩多石山坡。**山西省分布：**晋城市、太行山区、黎城县等。**云丘山分布：**圣母崖和玉莲洞附近。

230 刻叶紫堇（*Corydalis incisa*） 罂粟科 Papaveraceae 紫堇属 *Corydalis*

形态特征：灰绿色直立草本，根茎短而肥厚，叶具长柄，基部具鞘，一回羽片具短柄，二回羽片近无柄，裂片具缺刻状齿，总状花序，苞片约与花梗等长，菱形或楔形，具缺刻状齿，萼片小，丝状深裂，外花瓣顶端圆钝，具 1 列种子。**识别要点：**叶柄先端缺刻状分裂。**用途与价值：**全草入药。**生境：**海拔 0～1800 米的林缘、路边或疏林下。**山西省分布：**垣曲县。**云丘山分布：**神仙峪周边。

231 小药八旦子（*Corydalis caudata*） 罂粟科 Papaveraceae 紫堇属 *Corydalis*

形态特征：瘦弱多年生草本，块茎圆球形或长圆形，茎鳞片上部具叶，总状花序，疏离，苞片卵圆形或倒卵形，花梗明显长于苞片，花蓝色或紫蓝色，蒴果卵圆形至椭圆形，种子光滑，具狭长的种阜。**识别要点：**蜜腺约贯穿距长的3/4。**用途与价值：**治疗全身各部气滞血瘀之痛，有活血散瘀，理气止痛的功能。**生境：**海拔100～1200米的山坡或林缘。**山西省分布：**乡宁县云丘山。**云丘山分布：**黄金峪周边。

232 齿瓣延胡索（*Corydalis turtschaninovii*）
罂粟科 Papaveraceae 紫堇属 *Corydalis*

形态特征：多年生草本，块茎圆球形，茎直立或斜伸，通常不分枝，叶有全缘的，有具粗齿和深裂的，有篦齿分裂的，总状花序花期密集，苞片楔形，篦齿状多裂，稀分裂较少，约与花梗等长，萼片小，蒴果，种子平滑，种阜远离。**识别要点：**叶的末回裂片通常全缘。**用途与价值：**块茎入药，行气止血。**生境：**林缘和林间空地。**山西省分布：**介休市、垣曲县、稷山县等地。**云丘山分布：**神仙峪和黄金峪附近。

233 地丁草（*Corydalis bungeana*） 罂粟科 Papaveraceae　紫堇属 *Corydalis*

形态特征：二年生灰绿色草本，具主根，茎自基部铺散分枝，灰绿色，具棱，基生叶多数，边缘膜质，总状花序，多花，先密集，后疏离，苞片叶状，具柄至近无柄，明显长于长梗，花梗短，蒴果椭圆形，种子边缘具 4～5 列小凹点。**识别要点：**叶的末回裂片狭卵形至披针状条形。**用途与价值：**全草入药，清热解毒。**生境：**海拔 0～1500 米的多石坡地或河水泛滥地段。**山西省分布：**太原市、临汾市、运城市、晋城市等地。**云丘山分布：**玉莲洞和塔尔坡古村附近。

234 旋覆花（*Inula japonica*） 菊科 Compositae　旋覆花属 *Inula*

形态特征：多年生草本，根状茎短，有多少粗壮的须根，茎单生，有细沟，被长伏毛，中部叶狭窄，常有圆形半抱茎的小耳，无柄，顶端稍尖或渐尖，边缘有小尖头状疏齿或全缘，瘦果，顶端截形，被疏短毛，花期 6～10 月，果期 9～11 月。**识别要点：**叶基部有半抱茎的小耳。**用途与价值：**供药用，健胃祛痰。**生境：**海拔 150～2400 米的山坡路旁、湿润草地、河岸和田埂上。**山西省分布：**灵丘县、山阴县、夏县等地。**云丘山分布：**求子灵池和客运中心周边。

235 菊芋（*Helianthus tuberosus*） 菊科 Compositae 向日葵属 *Helianthus*

形态特征：多年生草本，有块状的地下茎及纤维状根，茎直立，有分枝，被白色短糙毛或刚毛，叶有叶柄，但上部叶互生，头状花序，少数或多数，单生于枝端，有 1～2 个线状披针形的苞叶，直立，瘦果小，楔形，花期 8～9 月。识别要点：叶柄具翅。用途与价值：供食用。生境：路边。山西省分布：全省各地皆有栽培。云丘山分布：八宝宫和烈士纪念碑附近。

236 甘菊（*Dendranthema lavandulifolium*） 菊科 Compositae 菊属 *Dendranthema*

形态特征：一年生或二年生草本，茎被短糙伏毛，基生叶呈莲座状，有叶柄，叶片匙形，花序生茎顶，只在基部具 2～3 个叶状苞片，花梗短，顶端与花萼连接部分变粗呈棒状，小坚果 4，斜三棱锥状四面体形，早春开花，花期甚长。识别要点：叶的两面同色或几同色。用途与价值：清热祛湿。治疗湿热黄疸。生境：平原、丘陵草地、林缘、田间及荒地。山西省分布：大同市、临汾市、长治市等地。云丘山分布：心形池和三官洞附近。

237 委陵菊（*Dendranthema potentilloides*）　菊科 Compositae　菊属 *Dendranthema*

形态特征：多年生草本，有地下匍匐茎，茎直立或基部弯曲，有粗壮分枝，全部茎枝灰白色，基生叶及下部茎叶花期脱落，头状花序，多数（8～10个）在茎枝顶端排成伞房花序或更多而排成复伞房花序，总苞碟状，舌状花黄色，花期8～9月。**识别要点：**叶被稠密厚实的贴伏短柔毛。**用途与价值：**清热解毒，可明目。**生境：**低山丘陵地。**山西省分布：**宁武县、娄烦县、垣曲县等地。**云丘山分布：**圣母崖、崖壁栈道和一线天周边。

238 腺梗豨莶（*Siegesbeckia pubescens*）　菊科 Compositae　豨莶属 *Siegesbeckia*

形态特征：一年生草本，茎直立，粗壮，被开展的灰白色长柔毛和糙毛，基部叶卵状披针形，头状花序，多数生于枝端，排列成松散的圆锥花序，总苞宽钟状，瘦果倒卵圆形，顶端有灰褐色环状突起，花期5～8月，果期6～10月。**识别要点：**瘦果顶端无芒刺。**用途与价值：**全草入药。**生境：**山坡、山谷林缘、灌丛林下的草坪中。**山西省分布：**五台县、沁源县、垣曲县等地。**云丘山分布：**塔尔坡停车场和康家坪古村。

PLANTS OF YUNQIU MOUNTAIN

239 齿叶橐吾（*Ligularia dentata*） 菊科 Compositae 橐吾属 *Ligularia*

形态特征：多年生草本，根肉质，茎被白色蛛丝状柔毛和黄色有节短柔毛或下部光滑，丛生叶与茎下部叶具柄，叶片肾形，头状花序，总苞半球形，排列紧密，背部隆起，两侧有脊，背部被密的白色蛛丝状柔毛，瘦果光滑，花期、果期7～10月。**识别要点：**舌状花狭圆形。**用途与价值：**舒筋活血，散瘀消肿。用于跌打损伤，月经不调，便血。**生境：**海拔650～3200米的山坡、水边、林缘和林中。**山西省分布：**稷山县、陵川县、垣曲县等地。**云丘山分布：**三号缆车、三官洞和土地庙周边。

240 牛蒡（*Arctium lappa*） 菊科 Compositae 牛蒡属 *Arctium*

形态特征：二年生草本，肉质直根，茎带紫红或淡紫红色，全部茎枝被稀疏的乳突状短毛。基生叶宽卵形，叶柄灰白色，被稠密的蛛丝状绒毛及黄色小腺点，头状花序，瘦果倒长卵形，有深褐色的色斑或无色斑，花期、果期6～9月。**识别要点：**总苞片顶端有钩刺。**用途与价值：**全草入药。**生境：**山坡、山谷、林缘、林中、灌木丛中、河边潮湿地、村庄路旁或荒地。**山西省分布：**晋城市、五台县、沁源县等地。**云丘山分布：**红花坪、坂尔上村和东交口村附近。

241 婆婆针（*Bidens bipinnata*）　菊科 Compositae　鬼针草属 *Bidens*

形态特征：一年生草本，茎直立，下部略具四棱，无毛或上部被稀疏柔毛，叶对生，具柄，头状花序，总苞杯形，果实长达 5 毫米，草质，先端钝，被稍密的短柔毛，内层苞片膜质，椭圆形，瘦果条形，具瘤状突起及小刚毛，具倒刺毛。**识别要点：**总苞片边缘有不规则的粗齿。**用途与价值：**全草入药，清热解毒和散瘀活血的功效。**生境：**路边荒地、山坡及田间。**山西省分布：**五台县、娄烦县、垣曲县等地。**云丘山分布：**东红花坪、红花坪和葫芦潭周边。

242 金盏银盘（*Bidens biternata*）　菊科 Compositae　鬼针草属 *Bidens*

形态特征：一年生草本，茎略具四棱，叶为一回羽状复叶，先端渐尖，基部楔形，边缘具稍密且近于均匀的锯齿，头状花序，总苞基部有短柔毛，外层苞片草质，条形，柔毛，内层苞片长椭圆形或长圆状披针形，瘦果条形，多少被小刚毛。**识别要点：**总苞片边缘有稍密而近均匀的锯齿。**用途与价值：**全草入药。**生境：**路边、村旁及荒地中。**山西省分布：**太原市、晋城市、五台县等地。**云丘山分布：**马璧峪、前庄和后庄周边。

243 小花鬼针草（*Bidens parviflora*） 菊科 Compositae 鬼针草属 *Bidens*

形态特征：一年生草本，茎有纵条纹，被稀疏短柔毛，叶对生上部叶互生，二回或一回羽状分裂，头状花序单生茎端及枝端，具长梗，无舌状花，盘花两性，瘦果条形，略具4棱，两端渐狭，有小刚毛，顶端芒刺有倒刺毛。**识别要点：**瘦果顶端有两枚芒刺。**用途与价值：**全草入药。**生境：**路边荒地、林下及水沟边。**山西省分布：**太原市、浑源县、山阴县等地。**云丘山分布：**红花坪、云圣快捷酒店和康家坪停车场周边。

244 日本毛连菜（*Picris japonica*） 菊科 Compositae 毛连菜属 *Picris*

形态特征：多年生草本，根垂直直伸，有少数侧根，茎直立，有纵沟纹，头状花序多数，有线形苞叶，总苞圆柱状钟形，总苞片3层，黑绿色，外层线形，先端渐尖，内层长圆状披针形或线状披针形，瘦果有高起的纵肋，花期、果期6～10月。**识别要点：**全株被钩状刺毛。**用途与价值：**全草入药，清热、消肿、止痛。**生境：**山坡草地、林缘林下、灌丛中或林间荒地、河边、沟边或高山草甸。**山西省分布：**大同市、太原市、临汾市、运城市、灵丘县、左云县等地。**云丘山分布：**塔尔坡停车场、康家坪古村和游仙湖周边。

245 中华小苦荬（*Ixeridium chinense*） 菊科 Compositae 小苦荬属 *Ixeridium*

形态特征：多年生草本，根垂直直伸，根状茎极短缩，基生叶倒披针形、线形，茎生叶长披针形或长椭圆状披针形，耳状抱茎或至少基部茎生叶的基部有明显的耳状抱茎，头状花序，瘦果褐色，顶端急尖成细喙，喙细，细丝状，花期、果期1～10月。**识别要点：**茎生叶基部宽而抱茎。**用途与价值：**全草入药。**生境：**山坡路旁、田野、河边灌丛或岩石缝隙中。**山西省分布：**全省各地。**云丘山分布：**琪尔康度假村、东红花坪和红花坪附近。

246 抱茎小苦荬（*Ixeridium sonchifolium*） 菊科 Compositae 小苦荬属 *Ixeridium*

形态特征：多年生草本，根垂直直伸，不分枝或分枝，茎单生，上部伞房花序状，基生叶莲座状，匙形、长倒披针形，头状花序多数或少数，在茎枝顶端排成伞房花序或伞房圆锥花序，总苞圆柱形，瘦果纺锤形，花期、果期3～5月。**识别要点：**茎生叶基部极扩大，心形抱茎。**用途与价值：**全草入药，有清热解毒、活血和凉血的功效。**生境：**海拔100～2700米的山坡或平原路旁、林下、庭院中。**山西省分布：**临汾市、晋城市、山阴县、五台县、浑源县等地。**云丘山分布：**游仙湖、葫芦潭和琪尔康度假村附近。

PLANTS OF YUNQIU MOUNTAIN

247 蒲公英（*Taraxacum mongolicum*） 菊科 Compositae 蒲公英属 *Taraxacum*

形态特征：多年生草本，根圆柱状，黑褐色，粗壮，叶倒卵状披针形、倒披针形或长圆状披针形，花葶与叶等长或稍长，瘦果暗褐色，上部具小刺，下部具成行排列的小瘤，顶端逐渐收缩为长约 1 毫米的圆锥至圆柱形喙基，花期 4～9 月，果期 5～10 月。**识别要点：**总苞片顶端有明显的角状突起。**用途与价值：**全草入药。**生境：**中、低海拔地区的山坡草地、路边、田野、河滩。**山西省分布：**全省各地。**云丘山分布：**康家坪停车场、塔尔坡停车场、东红花坪和坂尔上村周边。

248 荠（*Capsella bursa-pastoris*） 十字花科 Cruciferae 荠属 *Capsella*

形态特征：一年或二年生草本，无毛、有单毛或分叉毛，茎单一或从下部分枝，茎生叶窄披针形或披针形，基部箭形，抱茎，边缘有缺刻或锯齿，总状花序顶生及腋生，花瓣白色，卵形，短角果倒三角形，种子浅褐色，花期、果期 4～6 月。**识别要点：**短角果不成翅状。**用途与价值：**全草入药。**生境：**山坡、田边及路旁。**山西省分布：**全省各地。**云丘山分布：**塔尔坡古村、坂尔上村、前庄和后庄周边。

249 翼柄翅果菊（*Pterocypsela triangulata*）

菊科 Compositae　翅果菊属 *Pterocypsela*

形态特征：二年生草本或多年生草本，根有粗壮分枝，茎单生，通常紫红色，上部圆锥花序状分枝，全部茎枝无毛，中下部茎叶三角状戟形，叶柄有狭或宽翼，耳状半抱茎，向上的茎叶渐小，头状花序，瘦果边缘有宽翅。**识别要点：**叶不分裂。**用途与价值：**有清热解毒，祛风活血的功效。**生境：**海拔 700～1900 米的山坡草地、林缘、路边。**山西省分布：**运城市、五台县。**云丘山分布：**三号缆车附近。

250 黄瓜菜（*Paraixeris denticulata*）菊科 Compositae　黄瓜菜属 *Paraixeris*

形态特征：一年生或二年生草本，根垂直直伸，生多数须根，茎单生，基生叶及下部茎叶花期枯萎脱落，头状花序，在茎枝顶端排成伞房花序或伞房圆锥状花序，瘦果压扁，上部沿脉有小刺毛，向上渐尖成粗喙，花期、果期 5～11 月。**识别要点：**叶边缘有重锯齿。**用途与价值：**全草入药。**生境：**海拔 100～1100 米的山坡林缘、林下、田边、岩石上。**山西省分布：**太原市、临汾市、沁源县、五台县等地。**云丘山分布：**坂尔上村、东红花坪和游仙湖附近。

251 苦苣菜（*Sonchus oleraceus*） 菊科 Compositae 苦苣菜属 *Sonchus*

形态特征：一年生或二年生草本，根圆锥状，有多数纤维状的须根，茎有纵条棱或条纹，不分枝或上部有短的伞房花序状或总状花序式分枝，全部茎枝光滑无毛，基生叶羽状深裂，头状花序，瘦果褐色，冠毛白色，花期、果期 5～12 月。识别要点：叶具刺状尖齿。用途与价值：全草入药。生境：海拔 170～3200 米的山坡或山谷林缘、林下或平地田间、空旷处或近水处。山西省分布：沁源县、五台县、娄烦县等地。云丘山分布：中和广场、东红花坪、云圣快捷酒店和八宝宫周边。

252 花叶滇苦菜（*Sonchus asper*） 菊科 Compositae 苦苣菜属 *Sonchus*

形态特征：一年生草本，根倒圆锥状，褐色，垂直直伸，茎有纵纹或纵棱，基生叶与茎生叶同型，叶圆耳状抱茎，头状花序在茎枝顶端排稠密的伞房花序，瘦果倒披针状，褐色，冠毛白色，柔软，彼此纠缠，基部连合成环，花期、果期 5～10 月。识别要点：瘦果每面各有 3 条细纵肋。用途与价值：有清热解毒、止血的功效。生境：海拔 1550～3650 米的山坡、林缘及水边。山西省分布：乡宁县云丘山。云丘山分布：中和广场周边。

253 长裂苦苣菜（*Sonchus brachyotus*） 菊科 Compositae　苦苣菜属 *Sonchus*

形态特征：一年生草本，根垂直直伸，生多数须根，全部茎枝光滑无毛，基生叶与下部茎叶全形卵形、长椭圆形或倒披针形，头状花序，少数在茎枝顶端排成伞房状花序，总苞钟状，瘦果长椭圆状，褐色，稍压扁，花期、果期 6～9 月。**识别要点：**叶的侧裂片披针形、长披针形或长三角状披针形。**用途与价值：**清热解毒、凉血利湿、清肺止咳、保肝护肝。**生境：**海拔 350～2260 米的山地草坡、河边或碱地。**山西省分布：**全省各地。**云丘山分布：**塔尔坡停车场、红花坪和坂尔上村周边。

254 乳苣（*Mulgedium tataricum*） 菊科 Compositae　乳苣属 *Mulgedium*

形态特征：多年生草本，根垂直直伸，茎上部有圆锥状花序分枝，全部茎枝光滑无毛，叶羽状浅裂或半裂，头状花序，在茎枝顶端狭或宽圆锥花序，总苞圆柱状或楔形，瘦果长圆状披针形，灰黑色，冠毛微锯齿状，分散脱落，花期、果期 6～9 月。**识别要点：**基生叶在花期生存。**用途与价值：**清热解毒、凉血，用于痢疾和痔瘘。**生境：**海拔 1200～4300 米的河滩、湖边、草甸、田边。**山西省分布：**左云县、五台县、娄烦县等地。**云丘山分布：**云圣快捷酒店和坂尔上村周边。

255 野莴苣（*Lactuca seriola*）　菊科 Compositae　莴苣属 *Lactuca*

形态特征：一年生草本，茎单生，直立，上部圆锥状花序分枝或自基部分枝，叶或裂片边缘有细齿或刺齿或细刺或全缘，头状花序多数，舌状小花，黄色瘦果倒披针形，花期、果期6～8月。**识别要点：**瘦果每面有8～10条细脉或细肋。**用途与价值：**根或全草具消炎、止痛、解毒、杀虫之功效，主治风湿性关节炎、跌打损伤、疮疡肿毒。**生境：**海拔502～1680米的荒地、路旁、河滩砾石地、山坡石缝及草地。**山西省分布：**乡宁县云丘山等地。**云丘山分布：**云圣快捷酒店、八宝宫和红花坪附近。

256 桃叶鸦葱（*Scorzonera sinensis*）　菊科 Compositae　鸦葱属 *Scorzonera*

形态特征：多年生草本，茎直立，不分枝，基生叶宽卵形、宽披针形、宽椭圆形、倒披针形或线形，茎生叶少数，鳞片状，披针形或钻状披针形，头状花序单生茎顶，舌状小花黄色，瘦果圆柱状，花期、果期4～9月。**识别要点：**叶较宽，桃叶形，边缘呈波状皱曲。**用途与价值：**嫩叶可食用，根具清热解毒、活血消肿之功效。**生境：**海拔280～2500米的山坡、丘陵地、沙丘、荒地或灌木林下。**山西省分布：**天镇县、平鲁县、五台县、交城县等地。**云丘山分布：**土地庙、祖师顶和玉莲洞周边。

257 鸦葱（*Scorzonera austriaca*） 菊科 Compositae 鸦葱属 *Scorzonera*

形态特征：多年生草本，茎不分枝，直立，基生叶线形、狭线形、线状披针形或长椭圆形，茎生叶鳞片状，披针形或钻状披针形，头状花序单生茎端，舌状小花黄色，瘦果圆柱状，花期、果期4～7月。**识别要点：**茎不分枝，头状花序，单生于茎顶端，总苞直径1～2厘米。**用途与价值：**根具清热解毒，消肿散结之功效，用于疔疮痈疽、乳痈、跌打损伤、劳伤。**生境：**海拔400～2000米的山坡、草滩及河滩地。**山西省分布：**霍州市、五台县、沁源县等地。**云丘山分布：**土地庙、祖师顶和玉莲洞周边。

258 露珠草（*Circaea cordata*） 柳叶菜科 Onagraceae 露珠草属 *Circaea*

形态特征：粗壮草本，根状茎不具块茎，叶狭卵形至宽卵形，单总状花序顶生，或基部具分枝，花瓣白色，倒卵形至阔倒卵形，果实斜倒卵形至透镜形，种子基部斜圆形或斜截形，花期6～8月，果期7～9月。**识别要点：**果倒卵形或倒卵状球形，通常有沟，2室，具2种子，植株较高，叶基心形至浅心形。**用途与价值：**具祛风除湿，活血消肿，清热解毒之功效，主风湿痹痛、跌打瘀肿、乳痈、瘰疬、疮肿、无名肿毒、毒蛇咬伤。**生境：**海拔0～3500米的排水良好的落叶林。**山西省分布：**五台县、沁源县、蒲县、芮城县等。**云丘山分布：**圣母崖和一线天周边。

PLANTS OF YUNQIU MOUNTAIN

259 垂果大蒜芥（*Sisymbrium heteromallum*）

十字花科 Cruciferae 大蒜芥属 *Sisymbrium*

形态特征：一年或二年生草本茎直立，不分枝或分枝，基生叶为羽状深裂或全裂，上部的叶叶片羽状浅裂，总状花序密集成伞房状，花瓣黄色，长角果线形，种子长圆形，花期 4～5 月。**识别要点：**花较大，花瓣长 3～4 毫米。**用途与价值：**种子可作辛辣调味品，代芥末用，全草可治淋巴结核，外敷可治肉瘤。**生境：**海拔 900～3500 米的林下、阴坡、河边。**山西省分布：**太原市、娄烦县、浑源县等地。**云丘山分布：**琪尔康度假村、中和广场和东红花坪周边。

260 独行菜（*Lepidium apetalum*） 十字花科 Cruciferae 独行菜属 *Lepidium*

形态特征：一年或二年生草本，茎直立，有分枝，基生叶窄匙形，总状花序在果期可延长至 5 厘米，花瓣不存或退化成丝状，短角果近圆形或宽椭圆形，扁平，种子椭圆形，花果期 5～7 月。**识别要点：**中上部茎生叶条形，基部楔形，不抱茎，花瓣退化成丝状或无，短角果上部有窄翅。**用途与价值：**种子具平喘、祛脂降压、提高免疫力、治疗头痛头晕、健脑、明目之功效，也可榨油。**生境：**海拔 400～2000 米的山坡、山沟、路旁及村庄附近。**山西省分布：**全省各地。**云丘山分布：**前庄、后庄、坂尔上村和塔尔坡古村周边。

261 尼泊尔蓼（*Polygonum nepalense*） 蓼科 Polygonaceae 蓼属 *Polygonum*

形态特征：一年生草本，茎外倾或斜上，自基部多分枝，无毛或在节部疏生腺毛，高20～40厘米，茎下部叶卵形或三角状卵形，花序梗细长，上部具腺毛，瘦果宽卵形，花期、果期6～8月。识别要点：花序头状，叶基部渐狭成翼。用途与价值：可作饲料。生境：海拔1000～2000米的山坡草地、山谷路旁。山西省分布：霍州市、天镇县、灵丘县、五台县等地。云丘山分布：神仙峪附近。

262 酸模叶蓼（*Polygonum lapathifolium*） 蓼科 Polygonaceae 蓼属 *Polygonum*

形态特征：一年生草本，茎直立，具分枝，叶披针形或宽披针形，常有一个大的黑褐色新月形斑点，总状花序呈穗状，花被淡红色或白色，瘦果宽卵形，花期6～8月，果期7～9月。识别要点：叶下无白色绵毛。用途与价值：全草入蒙药，具利尿、消肿、止痛、止呕等功能，果实为利尿药，主治水肿和疮毒，幼嫩茎可作猪饲料。生境：海拔30～3900米的田边、路旁、水边、荒地或沟边湿地。山西省分布：临汾市、天镇县、左云县、右玉县、应县等地。云丘山分布：塔尔坡停车场、塔尔坡古村落和神仙峪附近。

263 红蓼（*Polygonum orientale*） 蓼科 Polygonaceae 蓼属 *Polygonum*

形态特征：一年生草本，茎直立，叶宽卵形、宽椭圆形或卵状披针形，总状花序呈穗状，花被淡红色或白色，瘦果近圆形，双凹，花期 6～9 月，果期 8～10 月。**识别要点：**茎叶有伸展的长毛，托叶鞘先端扩展成绿色环翅，花序紧密，圆柱形。**用途与价值：**红蓼可祛风除湿、清热解毒、活血、截疟。主治风湿痹痛、痢疾、腹泻、吐泻转筋、水肿、脚气、痈疮疔疖、蛇虫咬伤、小儿疳积疝气、跌打损伤、疟疾。**生境：**海拔 30～2700 米的沟边湿地、村边路旁。**山西省分布：**全省各地野生或栽培。**云丘山分布：**红花坪、云圣快捷酒店、八宝宫和八宝食府附近。

264 鹅肠菜（*Myosoton aquaticum*） 石竹科 Caryophyllaceae 鹅肠菜属 *Myosoton*

形态特征：二年生或多年生草本，茎上升，多分枝，叶片卵形或宽卵形，顶生二歧聚伞花序，花瓣白色，蒴果卵圆形，种子近肾形，花期 5～8 月，果期 6～9 月。**识别要点：**蒴果卵圆形，5 瓣裂至中部，裂瓣先端 2 齿状，花瓣深裂几达基部。**用途与价值：**全草供药用，驱风解毒，外敷治疖疮，幼苗可作野菜和饲料。**生境：**海拔 350～2700 米的河流两旁冲积沙地的低湿处或灌丛林缘和水沟旁。**山西省分布：**永济市太峪口村、沁源县灵空山等地。**云丘山分布：**康家坪停车场和桃花源附近。

265 无心菜（*Arenaria serpyllifolia*） 石竹科 Caryophyllaceae 无心菜属 *Arenaria*

形态特征：一年生或二年生草本，茎丛生，直立或铺散，叶片卵形，聚伞花序，花瓣 5，白色，蒴果卵圆形，种子小，肾形，花期 6～8 月，果期 8～9 月。**识别要点：**萼片基部略增厚或不增厚，子叶背倚，叶片通常线形至卵圆形，稀针形。**用途与价值：**全草入药，清热解毒明目之功效。**生境：**海拔 550～3980 米的沙质或石质荒地、田野、园圃、山坡草地。**山西省分布：**产永济市太峪口村、垣曲县历山镇杨家河、乡宁县云丘山等地。**云丘山分布：**琪尔康度假村、善人沟和东红花坪附近。

266 蔓孩儿参（*Pseudostellaria davidii*）
石竹科 Caryophyllaceae 孩儿参属 *Pseudostellaria*

形态特征：多年生草本。茎匍匐，细弱，叶片卵形或卵状披针形，花瓣 5，白色，长倒卵形，蒴果宽卵圆形，种子圆肾形或近球形，花期 5～7 月，果期 7～8 月。**识别要点：**植株高 8～26 厘米，茎常俯卧，具匍匐枝，叶片除基部者外，全为卵形。**用途与价值：**块根有补气益血、生津、补脾胃的作用。**生境：**混交林、杂木林下、溪旁或林缘石质坡。**山西省分布：**永济市水峪口村、沁县、沁源县等地。**云丘山分布：**琪尔康度假村、善人沟和东红花坪附近。

267 内弯繁缕（*Stellaria infracta*） 石竹科 Caryophyllaceae 繁缕属 *Stellaria*

形态特征：多年生草本，全株被灰白色星状毛，茎铺散，俯仰或上升，叶片披针形或线状披针形，稀狭卵形，二歧聚伞花序顶生，花瓣5，白色，蒴果卵形，种子肾脏形，花期6~7月，果期8~9月。**识别要点：**叶灰绿色，无柄，披针形。**用途与价值：**茎、叶及种子供药用，嫩苗可食。但据《东北草本植物志》记载为有毒植物，家畜食用会引起中毒及死亡。**生境：**海拔800~2480米的石隙或草地。**山西省分布：**浑源县、五台县、沁源县等。**云丘山分布：**琪尔康度假村、大河村和芦院沟附近。

268 女娄菜（*Silene aprica*） 石竹科 Caryophyllaceae 蝇子草属 *Silene*

形态特征：一年生或二年生草本，全株密被灰色短柔毛，茎单生或数个，直立，基生叶叶片倒披针形或狭匙形，茎生叶叶片倒披针形、披针形或线状披针形，圆锥花序较大型，花瓣白色或淡红色，蒴果卵形，种子圆肾形，花期5~7月，果期6~8月。**识别要点：**一年生或二年生植物。**用途与价值：**全草具有活血调经、下乳、健脾、利湿、解毒之功效。**生境：**平原、丘陵或山地。**山西省分布：**天镇县、浑源县、广灵县等。**云丘山分布：**中和广场、客运中心和东红花坪周边。

269 狭叶珍珠菜（*Lysimachia pentapetala*）

报春花科 Primulaceae　　珍珠菜属 *Lysimachia*

形态特征：一年生草本，全体无毛，茎直立，叶互生，狭披针形至线形，总状花序顶生，花冠白色，蒴果球形，花期7～8月，果期8～9月。**识别要点：**叶腋内常长出具数枚小叶的短枝，叶线形至线状披针形，萼分生近中部，花冠深裂至基部。**用途与价值：**内服具有活血、调经之功效，可治疗月经不调、白带过多、跌打损伤等症；外用可治疗蛇咬伤等症。**生境：**山坡荒地、路旁、田边和疏林下。**山西省分布：**五台县、阳曲县、娄烦县、交城县等。**云丘山分布：**康家坪古村、葫芦潭和游仙湖附近。

270 狼尾花（*Lysimachia barystachys*）报春花科 Primulaceae　珍珠菜属 *Lysimachia*

形态特征：多年生草本，具横走的根茎，全株密被卷曲柔毛，茎直立，叶互生或近对生，长圆状披针形、倒披针形以至线形，总状花序顶生，常转向一侧，花冠白色，蒴果球形，花期5～8月，果期8～10月。**识别要点：**茎通常单一，茎叶均被柔毛，叶长圆状披针形、披针形，萼分裂几达基部，花冠仅下部合生。**用途与价值：**云南民间用全草治疮疖、刀伤。**生境：**海拔2000米以下的草甸、山坡路旁灌丛间。**山西省分布：**五台县、灵丘县、宁武县、沁源县等。**云丘山分布：**塔尔坡古村、玉莲洞、一天门和二天门附近。

271 点地梅（*Androsace umbellata*） 报春花科 Primulaceae 点地梅属 *Androsace*

形态特征：一年生或二年生草本，主根不明显，具多数须根，叶全部基生，叶片近圆形或卵圆形，苞片卵形至披针形，花梗纤细，被柔毛并杂生短柄腺体，花萼杯状，密被短柔毛，裂片菱状卵圆形，花冠白色，喉部黄色，蒴果近球形，果皮白色，近膜质，花期 2～4 月，果期 5～6 月。**识别要点：**花萼深裂达基部，裂片呈星状展开；叶片基部浅心形。**用途与价值：**民间用全草治扁桃腺炎、咽喉炎、口腔炎和跌打损伤。**生境：**林缘、草地和疏林下。**山西省分布：**五台县、昔阳县、交城县关帝山等地。**云丘山分布：**康家坪停车场周边。

272 酸浆（*Physalis alkekengi*） 茄科 Solanaceae 酸浆属 *Physalis*

形态特征：多年生草本，茎分枝稀疏或不分枝，叶长卵形至阔卵形，有时菱状卵形，花冠辐状，白色，果萼卵状，种子肾脏形，花期 5～9 月，果期 6～10 月。**识别要点：**花梗及花萼密生柔毛，果成熟后果梗及果萼的毛被亦永存而不脱落。**用途与价值：**具有清热、解毒、利尿、降压、强心、抑菌等功能，果实供食用，常作切花、多年生花坛，供观赏用。**生境：**空旷地或山坡。**山西省分布：**乡宁县、陵川县、垣曲县、夏县等地。**云丘山分布：**神仙峪周边。

273 假酸浆（*Nicandra physalodes*） 茄科 Solanaceae　假酸浆属 *Nicandra*

形态特征：茎直立，有棱条，无毛，上部交互不等的二歧分枝，叶卵形或椭圆形，草质，花单生于枝腋而与叶对生，通常具较叶柄长的花梗，俯垂，花冠钟状，浅蓝色，浆果球状，黄色。种子淡褐色，花果期夏秋季。**识别要点：**花萼 5 深裂至近基部，裂片基部深心形且具 2 尖锐的耳片，果时增大成 5 棱状；花单生；子房 3～5 室。**用途与价值：**全草药用，有镇静、祛痰、清热解毒之效。**生境：**田边、荒地或住宅区。**山西省分布：**高平市、定襄县、昔阳县等地。**云丘山分布：**黄金峪、前庄和后庄附近。

274 龙葵（*Solanum nigrum*） 茄科 Solanaceae　茄属 *Solanum*

形态特征：一年生直立草本，茎无棱或棱不明显，绿色或紫色，叶卵形，蝎尾状花序腋外生，花冠白色，浆果球形，种子多数，近卵形。**识别要点：**花白色，浆果小，直径在 1 厘米以内，熟时黑色。**用途与价值：**全草可散瘀消肿，清热解毒。**生境：**田边、荒地及村庄附近。**山西省分布：**娄烦县、乡宁县、稷山县、垣曲县等地。**云丘山分布：**东红花坪、红花坪、坂尔上村和丁石村附近。

275 曼陀罗（*Datura stramonium*） 茄科 Solanaceae 曼陀罗属 *Datura*

形态特征：草本或半灌木状，茎粗壮，圆柱状，淡绿色或带紫色，叶广卵形，顶端渐尖，花冠漏斗状，下半部带绿色，上部白色或淡紫色，蒴果直立生，卵状，种子卵圆形，花期6～10月，果期7～11月。识别要点：果实直立生，规则4瓣列，花萼筒部呈5棱角，花冠长6～10厘米。用途与价值：全株有毒，药用有镇痉、镇静、麻醉的功效。生境：生路边、草地、田中及岩石上。山西省分布：太原市、永济市、交口县、乡宁县等地。云丘山分布：芦院沟、红花坪、大河村和红花坪附近。

276 野西瓜苗（*Hibiscus trionum*） 锦葵科 Malvaceae 木槿属 *Hibiscus*

形态特征：一年生直立或平卧草本，茎柔软，叶二型，下部的叶圆形，上部的叶掌状，花单生于叶腋，花淡黄色，蒴果长圆状球形，种子肾形，花期7～10月。识别要点：茎矮而铺散，叶3～5全裂或深裂，蒴果有粗毛。用途与价值：具有清热解毒，利咽止咳之功效。用于咽喉肿痛、咳嗽、泻痢、疮毒、烫伤。生境：平原、山野、丘陵或田埂。山西省分布：太原市、大同市、夏县、蒲县等地。云丘山分布：东交口村、坂尔上村和丁石村附近。

277 荠苨（*Adenophora trachelioides*） 桔梗科 Campanulaceae 沙参属 *Adenophora*

形态特征：茎单生，呈“之”字形曲折，叶片心形或在茎上部的叶基部近于平截形，花序分枝大多长而几乎平展，组成大圆锥花序，花冠钟状，蓝色、蓝紫色或白色，蒴果卵状圆锥形，种子黄棕色，两端黑色，花期 7～9 月。**识别要点：**茎生叶全部具明显的柄，叶基部心形或圆钝，不下延或下延很短，花萼裂片顶端稍钝。**用途与价值：**根有清热化痰，解毒之功效。**生境：**山坡草地、灌草丛或林缘。**山西省分布：**恒山、闻喜县、平顺县等地。**云丘山分布：**三官洞、东交口村和安汾村附近。

278 杏叶沙参（*Adenophora hunanensis*）桔梗科 Campanulaceae 沙参属 *Adenophora*

形态特征：茎不分枝，叶片卵圆形、卵形至卵状披针形，花序分枝长，常组成大而疏散的圆锥花序，花冠钟状，蓝色、紫色或蓝紫色，蒴果球状椭圆形，或近于卵状，种子椭圆状，花期 7～9 月。**识别要点：**花萼裂片卵形至长卵形，最宽处在中下部，通常多少重叠，花盘顶部被毛，或无毛，茎生叶至少下部具柄，很少近无柄。**用途与价值：**具养阴清肺，祛痰止咳之功效，治肺热燥咳、虚痨久咳、阴伤咽干喉痛。**生境：**海拔 2000 米以下的山坡草地和林缘草地。**山西省分布：**芮城县、阳城县、沁水县、陵川县等地。**云丘山分布：**八宝宫、东交口村和安汾村附近。

279 秦岭沙参（*Adenophora petiolata*）桔梗科 Campanulaceae 沙参属 *Adenophora*

形态特征：茎不分枝，叶片卵形，花序分枝极短，仅具 2～3 朵花，花冠钟状，蓝色、浅蓝色或白色，蒴果卵状椭圆形，种子未熟，花期 7～8 月。**识别要点：**花萼裂片较窄，卵状披针形至狭三角状披针形，绝不重叠，花盘无毛，茎生叶至少下部具柄，很少近无柄。**用途与价值：**根具养阴清热、润肺化痰、益胃生津之功效，主阴虚久咳，痨嗽痰血，燥咳痰少，虚热喉痹，津伤口渴。**生境：**海拔 1000～2300 米的林下或山坡路边。**山西省分布：**芮城县、阳城县、沁县、蒲县等地。**云丘山分布：**三官洞附近。

280 细叶沙参（*Adenophora paniculata*）桔梗科 Campanulaceae 沙参属 *Adenophora*

形态特征：茎不分枝，基生叶心形，茎生叶条形至卵状椭圆形，花序常为圆锥花序，花冠细小，近于筒状，浅蓝色、淡紫色或白色，蒴果卵状至卵状矩圆形，种子椭圆状，棕黄色，花期 6～9 月，果期 8～10 月。**识别要点：**花萼裂片毛发状，茎生叶条形至卵状椭圆形，全缘或有锯齿，通常无毛，有时上面疏生短硬毛，下面疏生长毛。**用途与价值：**可治小儿疳积，支气管炎，肺虚咳嗽，疟疾，高血压病，白带等。**生境：**海拔 1400～2400 米的向阳山坡草地、灌丛中及林缘路边。**山西省分布：**五台县、娄烦县、太岳山等地。**云丘山分布：**玉皇顶和土地庙附近。

281 多歧沙参（*Adenophora wawreana*）桔梗科 Campanulaceae 沙参属 *Adenophora*

形态特征：茎基常不分枝，叶片卵形，卵状披针形，花序为大圆锥花序，花冠宽钟状，蓝紫色，淡紫色，蒴果宽椭圆状，种子棕黄色，花期7～9月。**识别要点：**茎生叶具柄，花序分枝长而多，具横向伸展，花萼裂片狭小，条形或钻形，边缘具1～2对瘤状小齿或狭长齿。**用途与价值：**根可养阴清热，润肺化痰，益胃生津。**生境：**海拔2000米以下的阴坡草丛或灌木林中，或生于疏林下，多生于砾石中或岩石缝中。**山西省分布：**翼城县、沁县、太岳山区、沁源县等地。**云丘山分布：**三官洞、玉皇顶和土地庙附近。

282 泡沙参（*Adenophora potaninii*）桔梗科 Campanulaceae 沙参属 *Adenophora*

形态特征：茎不分枝，茎生叶无柄，卵状椭圆形，矩圆形，少数为条状椭圆形和倒卵形，基部钝或楔形，顶端钝，急尖或短渐尖，花序通常在基部有分枝，组成圆锥花序，也有时仅数朵花，集成假总状花序，花冠钟状，紫色、蓝色或蓝紫色，少为白色，裂片卵状三角形，蒴果球状椭圆形或椭圆状，种子棕黄色，长椭圆状，有一条翅状棱，花期7～10月，果期10～11月。**识别要点：**花萼裂片均具明显的齿，仅个别种具瘤状齿或近全缘；叶有或无柄。**用途与价值：**根入药，具清热养阴，润肺止咳之功能，主治气管炎、百日咳、肺热咳嗽、咯痰黄稠。**生境：**海拔3100米以下的阳坡草地，少生于灌丛或林下。**山西省分布：**五台县、兴县、五寨县等。**云丘山分布：**八宝宫周边。

283 小窃衣（*Torilis japonica*） 伞形科 Umbelliferae 窃衣属 *Torilis*

形态特征：一年或多年生草本，茎有纵条纹及刺毛，叶片长卵形，复伞形花序顶生或腋生，花瓣白色、紫红或蓝紫色，果实圆卵形，胚乳腹面凹陷，每棱槽有油管 1，花期、果期 4～10 月。**识别要点：**总苞片和小总苞片狭窄，果实的主棱线形，次棱及棱槽有刺，刺的基部有小瘤。**用途与价值：**具杀虫止泻，收湿止痒之功效，主治虫积腹痛、泄痢、疮疡溃烂等疾病。**生境：**海拔 150～3060 米的杂木林下、林缘、路旁、河沟边及溪边草丛。**山西省分布：**五台县、乡宁县、临县、稷山县等。**云丘山分布：**马璧峪、芦院沟和善人沟附近。

284 变豆菜（*Sanicula chinensis*） 伞形科 Umbelliferae 变豆菜属 *Sanicula*

形态特征：多年生草本，茎直立，无毛，基生叶少数，近圆形、圆肾形至圆心形，花序 2～3 回叉式分枝，花瓣白色或绿白色、果实圆卵形，胚乳的腹面略凹陷，油管 5，花期、果期 4～10 月。**识别要点：**茎或花序多分枝，萼齿线形或呈刺毛状，萼齿部分为皮刺所掩盖，花柱与萼齿等长或稍长，不反曲。**用途与价值：**具解毒，止血之功效。主咽痛，咳嗽，月经过多，尿血，外伤出血，疮痈肿毒。**生境：**海拔 200～2300 米的荫湿的山坡路旁、杂木林下、竹园边、溪边等草丛中。**山西省分布：**关帝山、中阳县、夏县、沁源县等地。**云丘山分布：**三号缆车、心形池和三官洞周边。

285 蛇床（*Cnidium monnieri*） 伞形科 Umbelliferae 蛇床属 *Cnidium*

形态特征：一年生草本，茎直立或斜上，多分枝，叶片轮廓卵形至三角状卵形，复伞形花序花瓣白色，分生果长圆状，每棱槽内油管 1，合生面油管 2，花期 4～7 月，果期 6～10 月。识别要点：小总苞片线形，仅具狭窄的膜质边缘，边缘具细睫毛。用途与价值：具温肾壮阳，燥湿，祛风，杀虫之功效，主治阳痿，宫冷不孕。生境：生于田边、路旁、草地及河边湿地。山西省分布：大同市、忻州市、临汾市、运城市、长治市等。云丘山分布：东红花坪、八宝宫和东交口村附近。

286 拐芹（*Angelica polymorpha*） 伞形科 Umbelliferae 当归属 *Angelica*

形态特征：多年生草本，茎单一，叶片轮廓为卵形至三角状卵形，复伞形花序，花瓣匙形至倒卵形，白色，果实长圆形至近长方形，背棱短翅状，棱槽内有油管 1，合生面油管 2，花期 8～9 月，果期 9～10 月。识别要点：叶轴及小叶柄膝曲或反卷。用途与价值：有发表祛风，温中散寒，理气止痛之功效。生境：生长于山沟溪流旁、杂木林下、灌丛间及阴湿草丛中。山西省分布：蒲县五鹿山、乡宁县云丘山等地。云丘山分布：玉皇顶和土地庙周边。

287 白芷（*Angelica dahurica*） 伞形科 Umbelliferae 当归属 *Angelica*

形态特征：多年生高大草本，茎通常带紫色，中空，茎上部叶片轮廓为卵形至三角形，复伞形花序顶生或侧生，花白色，果实长圆形至卵圆形，棱槽中有油管 1，合生面油管 2，花期 7～8 月，果期 8～9 月。**识别要点：**子房及果实无毛或偶有短毛。**用途与价值：**根具祛风、燥湿、消肿、止痛之功效，嫩叶剥皮后可供食用。**生境：**常生长于林下、林缘、溪旁、灌丛及山谷草地。**山西省分布：**浑源县、五台县、灵丘县、宁武县等。**云丘山分布：**玉皇顶附近。

288 防风（*Saposhnikovia divaricata*） 伞形科 Umbelliferae 防风属 *Saposhnikovia*

形态特征：多年生草本，茎单生，斜上升，叶片卵形或长圆形，复伞形花序多数，花瓣倒卵形，白色，双悬果狭圆形或椭圆形，每棱槽内通常有油管 1，合生面油管 2，花期 8～9 月，果期 9～10 月。**识别要点：**子房及果实有海绵质的小瘤或褶皱，无刺，花杂性，顶生伞形花序为两性或雌性，侧生伞形花序为杂性，茎分枝呈双叉式。**用途与价值：**有祛风解表，胜湿止痛，止痉的功效。**生境：**生长于草原、丘陵、多砾石山坡。**山西省分布：**五台县、闻喜县等地。**云丘山分布：**琪尔康度假村、云圣快捷酒店和八宝宫附近。

289 华北前胡（*Peucedanum harry-smithii*）

伞形科 Umbelliferae　　前胡属 *Peucedanum*

形态特征：多年生草本，茎圆柱形，叶片轮廓为广三角状卵形，复伞形花序顶生和侧生，花瓣倒卵形，白色，果实卵状椭圆形，棱槽内油管3～4，合生面油管6～8，花期8～9月，果期9～10月。**识别要点：**叶下表面密生白色短硬毛，干后上表面呈暗灰绿色，下表面为灰绿色。**用途与价值：**具降气祛痰，宣散风热之功效，用于肺气不降之咳喘、痰稠、胸闷痞塞等证。**生境：**海拔600～2600米的山坡林缘、山谷溪边或草地。**山西省分布：**五台县、宁武县、临县、关帝山等地。**云丘山分布：**云圣快捷酒店、八宝宫和水库附近。

290 羊红膻（*Pimpinella thellungiana*）　伞形科 Umbelliferae　茴芹属 *Pimpinella*

形态特征：多年生草本，茎直立，叶片轮廓卵状长圆形，小伞形花序有花10～25，花瓣卵形或倒卵形，白色，果实长卵形，每棱槽内油管3，胚乳腹面平直，花期、果期6～9月。**识别要点：**果实无毛，长卵形，无总苞片和小总苞片，叶一回羽状分裂。**用途与价值：**具有温中散寒，健脾益气，养心安神，止咳祛痰之功效，常用于克山病、心悸、气短、咳嗽。**生境：**海拔600～1700米的河边、林下、草坡和灌丛中。**山西省分布：**太原市、夏县、关帝山、沁水县等地。**云丘山分布：**玉皇顶周边。

PLANTS OF YUNQIU MOUNTAIN

291 条叶岩风（*Libanotis lancifolia*） 伞形科 Umbelliferae 岩风属 *Libanotis*

形态特征：多年生草本，茎通常单一，多二歧式曲折状分枝，叶片轮廓三角状卵形，复伞形花序多分枝，花瓣宽卵形，白色微带紫红色，分生果半圆柱状，狭倒卵形，胚乳腹面平直或中部微凸出，每棱槽中油管 1，合生面油管 2，花期 9～10 月，果期 10～11 月。**识别要点：**基生叶为二回羽状复叶，小叶椭圆状披针形，全缘，无总苞片，伞辐 4～9。**用途与价值：**根部入药，称长虫七，能发散风寒、祛风湿、镇痛、健脾胃、止咳、解毒，主治感冒、咳嗽、牙痛、关节肿痛、跌打损伤、风湿筋骨痛。**生境：**海拔 400～1100 米的向阳草坡、灌木丛中及山谷岩石陡坡上。**山西省分布：**平定县、五台县、沁水县等。**云丘山分布：**圣母崖和崖壁栈道附近。

292 薤白（*Allium macrostemon*） 百合科 Liliaceae 葱属 *Allium*

形态特征：鳞茎近球状，叶半圆柱状，伞形花序半球状至球状，花淡紫色或淡红色，花期、果期 5～7 月。**识别要点：**花序常多少具珠芽，较少全为珠芽或全为花，内轮花丝基部呈狭三角形扩大。**用途与价值：**鳞茎具通阳散结，行气导滞之功效，也可作蔬菜。**生境：**生于海拔 1500 米以下的山坡、丘陵、山谷或草地上，极少数地区（云南和西藏）在海拔 3000 米的山坡上也有。**山西省分布：**关帝山、太岳山等地。**云丘山分布：**坂尔上村、东交口村和安汾村附近。

293 鹿药（*Smilacina japonica*） 百合科 Liliaceae　鹿药属 *Smilacina*

形态特征：植株高 30～60 厘米，茎中部以上或仅上部具粗伏毛，叶纸质，卵状椭圆形、椭圆形或矩圆形，圆锥花序，花单生，白色，浆果近球形，熟时红色，花期 5～6 月，果期 8～9 月。**识别要点：**花被片离生或仅基部稍合生。**用途与价值：**具有补气益肾、祛风除湿和活血调经之功效。**生境：**海拔 900～1950 米的林下荫湿处或岩缝中。**山西省分布：**五台县、乡宁县、娄烦县等。**云丘山分布：**一线天、心形池和三官洞周边。

294 藜芦（*Veratrum nigrum*） 百合科 Liliaceae　藜芦属 *Veratrum*

形态特征：植株高可达 1 米，基部的鞘枯死后残留为有网眼的黑色纤维网，叶椭圆形、宽卵状椭圆形或卵状披针形，圆锥花序密生黑紫色花，顶生总状花序常较侧生花序长 2 倍以上，花被矩圆形，蒴果，花期、果期 7～9 月。**识别要点：**叶片宽椭圆形或卵状椭圆形，花黑紫色。**用途与价值：**全草可作杀虫药，也具催吐、祛痰、杀虫之功效，但有毒。**生境：**海拔 1200～3300 米的山坡林下或草丛中。**山西省分布：**五台县、沁水县、陵川县等。**云丘山分布：**土地庙和黄金峪周边。

295 黄精（*Polygonatum sibiricum*） 百合科 Liliaceae 黄精属 *Polygonatum*

形态特征：茎高 50～90 厘米，或可达 1 米以上，有时呈攀援状，叶轮生，条状披针形，伞形花序，花被乳白色至淡黄色，浆果黑色，花期 5～6 月，果期 8～9 月。**识别要点：**花柱长为子房的 1.5～2 倍，根状茎圆柱状。**用途与价值：**根状茎有补脾，润肺生津的作用。**生境：**海拔 800～2800 米的林下、灌丛或山坡阴处。**山西省分布：**天镇县、朔州县、浑源县等。**云丘山分布：**黄金峪、神仙峪和水库附近。

296 轮叶黄精（*Polygonatum verticillatum*） 百合科 Liliaceae 黄精属 *Polygonatum*

形态特征：茎高（20～）40～80 厘米，叶通常为 3 叶轮生，矩圆状披针形（长 6～10 厘米，宽 2～3 厘米）至条状披针形或条形，花单朵或 2～（3～4）朵成花序，花被淡黄色或淡紫色，浆果红色，花期 5～6 月，果期 8～10 月。**识别要点：**叶大部为互生、对生，也有三叶轮生，叶先端直伸。**用途与价值：**具滋润心肺、生津养胃、补精髓之功效。**生境：**海拔 2100～4000 米的林下或山坡草地。**山西省分布：**五台县、翼城县等地。**云丘山分布：**水库、一号冰洞和马璧峪附近。

297 大苞黄精（*Polygonatum megaphyllum*） 百合科 Liliaceae 黄精属 *Polygonatum*

形态特征：茎高 15～30 厘米，叶互生，狭卵形、卵形或卵状椭圆形，花序通常具 2 花，花被淡绿色，花期 5～6 月。**识别要点：**植株除花和茎的下部外，其他部分疏生短柔毛，花序具 3～4 枚苞片。**用途与价值：**根状茎具养阴润肺，补脾益气，滋肾填精之功效。**生境：**海拔 1700～2500 米的山坡或林下。**山西省分布：**介休市、乡宁县、沁源县等。**云丘山分布：**一线天、心形池和三官洞附近。

298 糙叶黄耆（*Astragalus scaberrimus*） 豆科 Leguminosae 黄耆属 *Astragalus*

形态特征：多年生草本，密被白色伏贴毛，地上茎不明显或极短，有时伸长而匍匐，羽状复叶，小叶椭圆形或近圆形，有时披针形，总状花序花冠淡黄色或白色，荚果披针状长圆形，微弯，花期 4～8 月，果期 5～9 月。**识别要点：**花腋生于叶丛生基部，黄白色。**用途与价值：**具健脾利水之功效，用于水肿、胀满，也可作牧草。**生境：**山坡石砾质草地、草原、沙丘及沿河流两岸的砂地。**山西省分布：**太原市、永济市、沁县等地。**云丘山分布：**红花坪、琪尔康度假村和善人沟附近。

299 长管萼黄耆（*Astragalus limprichtii*） 豆科 Leguminosae 黄耆属 *Astragalus*

形态特征：多年生草本，茎斜上或平卧，灰绿色，被伏贴毛，细弱，羽状复叶小叶披针形或近长圆形，总状花序花冠淡紫红色，荚果线形，微弯，种子斜肾形，花期 5～6 月，果期 7 月。识别要点：荚果线状长圆形或线状圆筒形，稀线形。用途与价值：具增强机体免疫功能、保肝、利尿、抗衰老、抗应激之功效。生境：海拔 300～800 米的山坡或沙土地带。山西省分布：乡宁县云丘山。云丘山分布：云圣快捷酒店、坂尔上村和三官洞附近。

300 酢浆草（*Oxalis corniculata*） 酢浆草科 Oxalidaceae 酢浆草属 *Oxalis*

形态特征：草本，全株被柔毛，茎细弱，多分枝，直立或匍匐，叶基生或茎上互生，花单生或数朵集为伞形花序状，蒴果长圆柱形，种子长卵形，花期、果期 2～9 月。识别要点：茎平卧，分枝多，托叶明显，与叶柄贴生。用途与价值：全草入药，有清热解毒、消肿散疾的效用。生境：山坡草池、河谷沿岸、路边、田边、荒地或林下阴湿处等。山西省分布：全省各地。云丘山分布：神仙峪、中和广场和八宝宫附近。

301 紫苏（*Perilla frutescens*）　唇形科 Labiatae　紫苏属 *Perilla*

形态特征：一年生、直立草本，茎绿色或紫色，钝四棱形，密被长柔毛，叶阔卵形或圆形，轮伞花序，花冠白色至紫红色，小坚果近球形，花期 8～11 月，果期 8～12 月。**识别要点：**能育雄蕊 4，近相等或前对稍长，花短 5 裂，花萼在果时增大。**用途与价值：**叶能散表寒，发汗力较强，用于风寒表症，见恶寒、发热、无汗等症。**生境：**排水良好的土壤。**山西省分布：**全省各地野生或栽培。**云丘山分布：**圣母崖和游仙湖附近。

302 野芝麻（*Lamium barbatum*）　唇形科 Labiatae　野芝麻属 *Lamium*

形态特征：多年生植物，茎单生，直立，四棱形，几无毛，茎下部的叶卵圆形或心脏形，茎上部的叶卵圆状披针形，轮伞花序 4～14 花，花冠白或浅黄色，小坚果倒卵圆形，花期 4～6 月，果期 7～8 月。**识别要点：**苞叶常具柄，向上渐变短。**用途与价值：**民间入药，花用于治子宫及泌尿系统疾患、白带及行经困难，全草用于跌打损伤、小儿疳积。**生境：**海拔 2600 米以下的路边、溪旁、田埂及荒坡上。**山西省分布：**永济市、垣曲县、阳城县等地。**云丘山分布：**心形池、三官洞和土地庙附近。

PLANTS OF YUNQIU MOUNTAIN

303 糙苏（*Phlomis umbrosa*） 唇形科 Labiatae 糙苏属 *Phlomis*

形态特征：多年生草本，茎多分枝，四棱形，常带紫红色，叶近圆形、圆卵形至卵状长圆形，轮伞花序通常4～8花，花冠通常粉红色，常具红色斑点。小坚果无毛，花期6～9月，果期9月。**识别要点：**花小，长在3厘米以下，花粉红色。**用途与价值：**具祛风活络，强筋壮骨，消肿之功效，用于感冒，慢性支气管炎，风湿关节痛，腰痛，跌打损伤，疮疖肿毒。**生境：**海拔200～3200米的疏林下或草坡上。**山西省分布：**浑源县、天镇县、左云县、五台县等。**云丘山分布：**土地庙、三官洞和玉皇顶附近。

304 甘露子（*Stachys sieboldii*） 唇形科 Labiatae 水苏属 *Stachys*

形态特征：多年生草本，茎直立或基部倾斜，单一或多分枝，四棱形，茎生叶卵圆形或长椭圆状卵圆形，轮伞花序通常6花，花冠粉红至紫红色，下唇有紫斑，小坚果卵珠形，花期7～8月，果期9月。**识别要点：**植株不分枝或少分枝，叶卵圆形或长圆状卵形，叶柄短，花粉红至紫红。**用途与价值：**用于风热感冒，湿热黄疸，小便短涩，外用治疮痈肿毒，毒蛇咬伤。**生境：**海拔3200米以下的湿润地及积水处。**山西省分布：**娄烦县、灵石县、五台县、垣曲县等。**云丘山分布：**神仙峪、一线天、心形池和三官洞附近。

305 三花莸（*Caryopteris terniflora*）马鞭草科 Verbenaceae　莸属 *Caryopteris*

形态特征：直立亚灌木，常自基部即分枝，茎方形，密生灰白色向下弯曲柔毛，叶片纸质，卵圆形至长卵形，花冠紫红色或淡红色，蒴果成熟后四瓣裂，花期、果期 6～9 月。**识别要点：**花 1～3 或 5 组成腋生聚伞花序，花萼裂片披针形。**用途与价值：**全草药用，有解表散寒，宣肺之效，治外感头痛、咳嗽、外障目翳、烫伤等症。**生境：**海拔 550～2600 米的山坡、平地或水沟河边。**山西省分布：**永济市、灵石县、垣曲县、阳城县等。**云丘山分布：**神仙峪和神泉周边。

306 裂叶荆芥（*Schizonepeta tenuifolia*）唇形科 Labiatae　裂叶荆芥属 *Schizonepeta*

形态特征：一年生草本，茎四棱形，多分枝，被灰白色疏短柔毛，叶通常为指状三裂，花序为多数轮伞花序组成的顶生穗状花序，花冠青紫色，小坚果长圆状三棱形，花期 7～9 月，果期在 9 月以后。**识别要点：**叶常指状三裂，穗状花序间断。**用途与价值：**全草及花穗可入草药，多用于发表，可治风寒感冒、头痛、咽喉肿痛、月经过多、崩漏、小儿发热抽搐，全草亦含芳香油。**生境：**海拔 540～2700 米的山坡路边或山谷、林缘。**山西省分布：**娄烦县、黎城县等地。**云丘山分布：**云圣快捷酒店、烈士纪念碑和八宝宫周边。

307 水棘针（*Amethystea caerulea*） 唇形科 Labiatae 水棘针属 *Amethystea*

形态特征：一年生草本，基部有时木质化，呈金字塔形分枝，茎四棱形，紫色，灰紫黑色或紫绿色，被疏柔毛或微柔毛，以节上较多，叶片纸质或近膜质，三角形或近卵形，叶片上面绿色或紫绿色，被疏微柔毛或几无毛，下面略淡，无毛，中肋隆起，明显，花冠蓝色或紫蓝色，小坚果倒卵状三棱形，花期 8～9 月，果期 9～10 月。**识别要点：**雄蕊 2，后对退化成假雄蕊；花萼 5 齿相等，深裂；花冠稍短于花萼，筒部极短，下唇中裂片最大，平展；一年生草本；叶 3～5 裂；花小，由小聚伞花序形成疏松的聚伞状圆锥花序。**用途与价值：**云南昭通代荆芥药用。**生境：**海拔 200～3400 米的田边旷野、河岸沙地、开阔路边及溪旁。**山西省分布：**天镇县、浑源县、宁武县等地。**云丘山分布：**坂尔上村和丁石村周边。

308 夏至草（*Lagopsis supina*） 唇形科 Labiatae 夏至草属 *Lagopsis*

形态特征：多年生草本，披散于地面或上升，茎四棱形，密被微柔毛，常在基部分枝，叶轮廓为圆形，有时为卵圆形，轮伞花序疏花，花冠白色，稀粉红色，小坚果长卵形，花期 3～4 月，果期 5～6 月。**识别要点：**花冠筒藏于花萼内，雄蕊、花柱藏于花冠筒内，花萼 5 齿，花冠筒内无毛环，叶圆形掌状裂。**用途与价值：**全草能活血调经。**生境：**路旁、旷地上。**山西省分布：**全省各地。**云丘山分布：**坂尔上村、芦院沟、红花坪和东红花坪附近。

309 地笋（*Lycopus lucidus*） 唇形科 Labiatae　地笋属 *Lycopus*

形态特征：多年生草本，茎直立，通常不分枝，四棱形，叶具极短柄或近无柄，长圆状披针形，轮伞花序无梗，轮廓圆球形，花冠白色，小坚果倒卵圆状四边形，花期 6～9 月，果期 8～11 月。**识别要点：**前对雄蕊能生育，具略叉开的药室，后对变小而棒状或无，小坚果顶端截。**用途与价值：**春、夏季可采摘嫩茎叶凉拌、炒食、做汤，根茎入药，具有降血脂、通九窍、利关节、养气血等功能。**生境：**海拔 320～2100 米的沼泽地、水边、沟边等潮湿处。**山西省分布：**太原市、浑源县、五台县、芮城县等地。**云丘山分布：**塔尔坡停车场和求子灵池附近。

310 薄荷（*Mentha haplocalyx*） 唇形科 Labiatae　薄荷属 *Mentha*

形态特征：多年生草本，茎直立，多分枝，叶片长圆状披针形、披针形、椭圆形或卵状披针形，稀长圆形，轮伞花序腋生，轮廓球形，花冠淡紫，小坚果卵珠形，花期 7～9 月，果期 10 月。**识别要点：**能育雄蕊 4 枚相等，具平行药室，小坚果顶端圆。**用途与价值：**为轻工业、医药方面的重要原料，全草治流行性感冒、头疼、目赤、身热、咽喉、牙床肿痛等症。**生境：**海拔高达 3500 米以下的水旁潮湿地。**山西省分布：**大同市、太原市、临汾市、晋城市等地。**云丘山分布：**桃花源、康家坪古村和塔尔坡停车场周边。

311 鸡腿堇菜（*Viola acuminata*）堇菜科 Violaceae　堇菜属 *Viola*

形态特征：多年生草本，茎直立，无毛或上部被白色柔毛，叶片心形、卵状心形或卵形，花淡紫色或近白色，花瓣有褐色腺点，蒴果椭圆形，花期、果期 5～9 月。**识别要点：**叶心形或心状三角形，托叶篦梳状，花白色或淡紫色。**用途与价值：**全草民间供药用，能清热解毒，排脓消肿，嫩叶可作蔬菜。**生境：**杂木林林下、林缘、灌丛、山坡草地或溪谷湿地等处。**山西省分布：**介休市、沁源市、浑源县、五台县等。**云丘山分布：**塔尔坡停车场附近。

312 西山堇菜（*Viola hancockii*）堇菜科 Violaceae　堇菜属 *Viola*

形态特征：多年生草本，叶多数，基生，叶片卵状心形，花近白色，大形，花瓣长圆状倒卵形，果实长圆状，花期 4～5 月。**识别要点：**果梗弯曲，柱头连前方之喙呈钩状，喙的长度与花柱最宽处的直径近相等。**用途与价值：**供观赏。**生境：**阴坡阔叶林林下、林缘、山村附近水沟边。**山西省分布：**蒲县五鹿山、乡宁县云丘山等地。**云丘山分布：**神仙峪、马壁峪、一线天、心形池和三官洞附近。

313 北京堇菜（*Viola pekinensis*）　堇菜科 Violaceae　堇菜属 *Viola*

形态特征： 多年生草本，无地上茎，根状茎稍粗壮，短缩，绿色，无毛。叶基生，莲座状，叶片圆形或卵状心形，托叶外方者较宽，白色，膜质，花淡紫色，有时近白色，花瓣宽倒卵形，蒴果无毛，花期 4～5 月，果期 5～7 月。**识别要点：** 柱头不呈头状或球状，前方具喙，喙端具柱头孔。**用途与价值：** 全草供药用。**生境：** 海拔 500～1500 米的阔叶林下或林缘草地。**山西省分布：** 乡宁县、云丘山等地。**云丘山分布：** 黄金峪和土地庙附近。

314 南山堇菜（*Viola chaerophylloides*）　堇菜科 Violaceae　堇菜属 *Viola*

形态特征： 多年生草本，叶卵状披针形、披针形、长圆形、线状披针形，花较大，白色、乳白色或淡紫色，有香味，蒴果大，长椭圆状，种子多数，卵状，花期、果期 4～9 月。**识别要点：** 花白色或淡紫色，萼片附属物发达，最终裂片卵状披针形、披针形。**用途与价值：** 供观赏。**生境：** 海拔 1600 米以下的山地阔叶林下或林缘、溪谷阴湿处、阳坡灌丛及草坡。**山西省分布：** 介休市、稷山县、沁源县、阳城县等。**云丘山分布：** 塔尔坡古村和玉莲洞附近。

315 裂叶堇菜（*Viola dissecta*） 堇菜科 Violaceae 堇菜属 *Viola*

形态特征：多年生草本，基生叶叶片轮廓呈圆形、肾形或宽卵形，花较大，淡紫色至紫堇色，蒴果长圆形或椭圆形，花期较长，自4月至9月，果期5～10月。**识别要点：**花淡紫色或紫堇色，萼片附属物极短，叶最终裂片线形。**用途与价值：**具有解毒消肿之效。**生境：**山坡草地、杂木林缘、灌丛下及田边、路旁等地。**山西省分布：**五台县、沁源县、沁县伏牛山等地。**云丘山分布：**玉莲洞和一线天周边。

316 斑叶堇菜（*Viola variegata*） 堇菜科 Violaceae 堇菜属 *Viola*

形态特征：多年生草本，叶均基生，呈莲座状，叶片圆形或圆卵形，花瓣倒卵形，蒴果椭圆形，种子淡褐色，花期4月下旬至8月，果期6～9月。**识别要点：**叶上面深绿色，沿叶脉有明显白色斑带，叶下面带紫色。**用途与价值：**可用于痈疮肿毒，创伤出血。**生境：**山坡草地、林下、灌丛中或阴处岩石缝隙中。**山西省分布：**五台县、沁源县及中阳县。**云丘山分布：**塔尔坡古村、玉皇顶、心形池和三官洞附近。

317 早开堇菜（*Viola prionantha*） 堇菜科 Violaceae 堇菜属 *Viola*

形态特征：多年生草本，叶片在花期呈长圆状卵形、卵状披针形或狭卵形，花大，紫堇色或淡紫色，喉部色淡并有紫色条纹，蒴果长椭圆形，种子多数，卵球形，花期、果期4月上中旬至9月。**识别要点：**叶通常长圆状卵形，卵形披针形或狭卵形，基部宽楔形、截形或微心形。**用途与价值：**具清热解毒，除脓消炎之功效，捣烂外敷可排脓、消炎、生肌。**生境：**山坡草地、沟边、宅旁等向阳处。**山西省分布：**朔州市、临县、稷山县、蒲县等地。**云丘山分布：**康家坪停车场、塔尔坡停车场和求子灵池周边。

318 紫花地丁（*Viola philippica*） 堇菜科 Violaceae 堇菜属 *Viola*

形态特征：多年生草本，叶莲座状，叶片下部呈三角状卵形或狭卵形，上部呈长圆形、狭卵状披针形或长圆状卵形，花中等大，紫堇色或淡紫色，稀呈白色，喉部色较淡并带有紫色条纹，蒴果长圆形，种子卵球形，花期、果期4月中下旬至9月。**识别要点：**叶基部截形或楔形，两面无毛或被细毛，种子卵球形，淡黄色。**用途与价值：**具有清热解毒，凉血消肿，清热利湿的作用。**生境：**田间、荒地、山坡草丛、林缘或灌丛中。**山西省分布：**关帝山、沁源县、蒲县、稷山县等地。**云丘山分布：**康家坪停车场、八宝食府和康家坪古村附近。

PLANTS OF YUNQIU MOUNTAIN

319 三脉紫菀（*Aster ageratoides*） 菊科 Compositae 紫菀属 *Aster*

形态特征：多年生草本，茎直立，有上升或开展的分枝，叶片宽卵圆形，急狭成长柄，排列成伞房或圆锥伞房状，舌状花约十余个，瘦果倒卵状长圆形，花期、果期 7～12 月。**识别要点：**茎单生或少分枝，被粗毛或柔毛，叶宽卵圆形，急狭成长柄，有离基 3 出脉，总苞片线状长圆形，顶端紫褐色。**用途与价值：**具清热解毒，利尿止血之功效。**生境：**海拔 100～3350 米的林下、林缘、灌丛及山谷湿地。**山西省分布：**朔州市、天镇县、浑源县、五台县等。**云丘山分布：**一线天、心形池、三官洞和玉皇顶附近。

320 小蓬草（*Conyza canadensis*） 菊科 Compositae 白酒草属 *Conyza*

形态特征： 一年生草本，茎直立，上部多分枝，叶密集，基部叶花期常枯萎，下部叶倒披针形，头状花序多数，小，两性花淡黄色，瘦果线状披针形，花期 5～9 月。**识别要点：**头状花序有细管状的雌花，舌片小而直立，一年生草本。**用途与价值：**嫩茎、叶可作猪饲料。**生境：**旷野、荒地、田边和路旁。**山西省分布：**介休市、浑源县、五台县、宁武县等。**云丘山分布：**芦院沟、坂尔上村和云圣快捷酒店附近。

321 苍术（*Atractylodes lancea*）　菊科 Compositae　苍术属 *Atractylodes*

形态特征：多年生草本，茎直立，单生或少数茎成簇生，全部茎叶不裂，中部茎叶倒卵形、长倒卵形、倒披针形或长倒披针形，全部叶质地硬，硬纸质，头状花序单生茎枝顶端，小花白色，瘦果倒卵圆状，花期、果期6～10月。**识别要点：**头状花序基部为羽状分裂的苞叶所包围，根状茎肥大，横走，结节状。**用途与价值：**有燥湿、化浊、止痛之效。**生境：**野生山坡草地、林下、灌丛及岩缝隙中。**山西省分布：**朔州市、临汾市、晋城市、天镇县、灵丘县、浑源县等。**云丘山分布：**祖师顶、三天门、二天门和一天门附近。

322 大丁草（*Gerbera anandria*）　菊科 Compositae　大丁草属 *Gerbera*

形态特征：多年生草本，植株具春、秋二型之别。春型者根状茎短，叶基生，莲座状，头状花序单生于花葶之顶，瘦果纺锤形；秋型者植株较高，叶片大，头状花序外层雌花管状二唇形，花期春、秋二季。**识别要点：**头状花序有两种形状，春型辐射状，有异形小花，秋型盘状，有同形的管状花。**用途与价值：**具清热利湿，解毒消肿的功效。**生境：**海拔650～2580米的山顶、山谷丛林、荒坡、沟边或风化的岩石上。**山西省分布：**大同市、吕梁市、临汾市、晋城市、朔州市等。**云丘山分布：**一天门、玉莲洞和琪尔康度假村附近。

323 大叶铁线莲（*Clematis heracleifolia*）毛茛科 Ranunculaceae 铁线莲属 *Clematis*

形态特征：直立草本或半灌木，茎粗壮，小叶片亚革质或厚纸质，卵圆形，宽卵圆形至近于圆形，聚伞花序顶生或腋生，花杂性，雄花与两性花异株，瘦果卵圆形，花期8~9月，果期10月。**识别要点：**三出复叶，萼片4，蓝色，下半部呈管状，顶端反卷。**用途与价值：**全草及根有祛风除湿、解毒消肿的作用，种子可榨油。**生境：**山坡沟谷、林边及路旁的灌丛中。**山西省分布：**中条山、太岳山、太原市等地。**云丘山分布：**神仙峪、圣母崖和游仙湖附近。

324 涩荠（*Malcolmia africana*） 十字花科 Cruciferae 涩荠属 *Malcolmia*

形态特征：二年生草本，茎直立或近直立，多分枝，叶长圆形、倒披针形或近椭圆形，疏松排列，花瓣紫色或粉红色，长角果（线细状）圆柱形或近圆柱形，种子长圆形，花期、果期6~8月。**识别要点：**长角果不坚硬，密生短或长分叉毛或二者间生，柱头圆锥状。**用途与价值：**可作切花、花坛。**生境：**路边荒地或田间。**山西省分布：**灵石县、浮山县、乡宁县等地。**云丘山分布：**停车场、琪尔康度假村和云圣快捷酒店附近。

325 离子芥（*Chorispora tenella*） 十字花科 Cruciferae 离子芥属 *Chorispora*

形态特征：一年生草本，茎生叶披针形，总状花序疏展，花淡紫色或淡蓝色，长角果圆柱形，种子长椭圆形，花期、果期4～8月。**识别要点：**花瓣长匙形，顶端钝圆，果实具横节，果梗长2～5毫米，与果实近等粗。**用途与价值：**嫩叶可食用。**生境：**海拔700～2200米的干燥荒地、荒滩、牧场、山坡草丛、路旁沟边及农田中。**山西省分布：**太原市、长治市、交城县等地。**云丘山分布：**安汾村、坂尔上村和芦院沟周边。

326 盐芥（*Thellungiella salsuginea*） 十字花科 Cruciferae 盐芥属 *Thellungiella*

形态特征：一年生草本，茎于中部或基部分枝，叶片卵形或长圆形，花序伞房状，花瓣白色，长角果长12～15毫米，略弯曲，种子黄色，花期4～5月。**识别要点：**茎于中、上部分枝，分枝向上，基生叶全缘，早枯，长角果长1～2厘米。**用途与价值：**具水土保持的作用。**生境：**土壤盐渍化的农田边、水沟旁和山区。**山西省分布：**乡宁县云丘山等地。**云丘山分布：**东交口村和安汾村附近。

327 蚓果芥（*Torularia humilis*） 十字花科 Cruciferae 念珠芥属 *Torularia*

形态特征：多年生草本，茎自基部分枝，基生叶窄卵形，下部的茎生叶叶片宽匙形至窄长卵形，最上部数叶常入花序而成苞片，花序呈紧密伞房状，花瓣倒卵形或宽楔形，白色，长角果筒状，种子长圆形，花期 4～6 月。**识别要点：**花序下部数花常有苞片，花柱末端较粗。**用途与价值：**全草治食物中毒，消化不良。**生境：**海拔 1000～4200 米的林下、河滩、草地。**山西省分布：**朔州市、吕梁市、临汾市等。**云丘山分布：**琪尔康度假村、东红花坪和芦院沟附近。

328 二色补血草（*Limonium bicolor*）
白花丹科 Plumbaginaceae 补血草属 *Limonium*

形态特征：多年生草本，叶基生，匙形至长圆状匙形，花序圆锥状，穗状花序有柄至无柄，小穗花，花期 5（下旬）～7 月，果期 6～8 月。**识别要点：**花萼紫红色、粉红色、淡紫色或白色，花冠黄色。**用途与价值：**全草有止血、化瘀、健脾等作用。**生境：**平原地区，也见于山坡下部、丘陵和海滨，喜生于含盐的钙质土上或砂地。**山西省分布：**大同市、吕梁市、五台县等。**云丘山分布：**云圣快捷酒店和八宝宫附近。

329 斑种草（*Bothriospermum chinense*）

紫草科 Boraginaceae　　斑种草属 *Bothriospermum*

形态特征：一年生草本，茎数条丛生，直立或斜升，基生叶及茎下部叶具长柄，匙形或倒披针形，茎中部及上部叶无柄，长圆形或狭长圆形，花序长5～15厘米，具苞片，花冠淡蓝色，小坚果肾形，4～6月开花。**识别要点：**小坚果腹面具横的环状凹陷，叶具柄，边缘皱波状。**用途与价值：**具解毒消肿，利湿止痒之功效。**生境：**海拔100～1600米的荒野路边、山坡草丛及竹林下。**山西省分布：**太原市石千峰、临汾市、运城市等地。**云丘山分布：**停车场、坂尔上村和云圣快捷酒店附近。

330 多苞斑种草（*Bothriospermum secundum*）

紫草科 Boraginaceae　　斑种草属 *Bothriospermum*

形态特征：一年生或二年生草本，茎单一或数条丛生，基生叶具柄，倒卵状长圆形，茎生叶长圆形或卵状披针形，花序生茎顶及腋生枝条顶端，花冠蓝色至淡蓝色，小坚果卵状椭圆形，花期5～7月。**识别要点：**苞片椭圆形或狭卵形、卵形。**用途与价值：**具水土保持的作用。**生境：**海拔250～2100米的山坡、道旁、河床、农田路边及山坡林缘灌木林下、山谷溪边阴湿处等。**山西省分布：**永济市、五台县、沁源县等。**云丘山分布：**停车场、琪尔康度假村和云圣快捷酒店附近。

331 狭苞斑种草（*Bothriospermum kusnezowii*）

紫草科 Boraginaceae 斑种草属 *Bothriospermum*

形态特征：一年生草本，茎数条丛生，基生叶莲座状，倒披针形或匙形，茎生叶长圆形或线状倒披针形，花序长 5～20 厘米，具苞片，花冠淡蓝色、蓝色或紫色，小坚果椭圆形，花期、果期 5～7 月。**识别要点：**苞片线形或倒披针形至狭披针形。**用途与价值：**具水土保持的作用。**生境：**海拔 830～2500 米的山坡道旁、干旱农田及山谷林缘。**山西省分布：**五台县、蒲县、中阳县等。**云丘山分布：**康家坪停车场、桃花源和塔尔坡停车场附近。

332 附地菜（*Trigonotis peduncularis*） 紫草科 Boraginaceae 附地菜属 *Trigonotis*

形态特征：一年生或二年生草本，茎通常多条丛生，基生叶呈莲座状，有叶柄，茎上部叶长圆形或椭圆形，无叶柄或具短柄，花序生茎顶，花冠淡蓝色或粉色，小坚果 4，早春开花，花期甚长。**识别要点：**花萼裂片卵形、长圆形至披针形，先端尖，花直径 1.5～2.5 毫米。**用途与价值：**具温中健胃，消肿止痛，止血之功效。**生境：**平原、丘陵草地、林缘、田间及荒地。**山西省分布：**稷山县、蒲县、中阳县等。**云丘山分布：**芦院沟、东红花坪、红花坪和云圣快捷酒店附近。

333 田紫草（*Lithospermum arvense*） 紫草科 Boraginaceae 紫草属 *Lithospermum*

形态特征：一年生草本，茎通常单一，叶倒披针形至线形，聚伞花序生枝上部，花冠高脚碟状，白色，有时蓝色或淡蓝色，小坚果三角状卵球形，花期、果期4～8月。**识别要点：**一年生草本，根不肥厚，不含紫色物质，小坚果具小疣状突起。**用途与价值：**嫩叶可食用，全草可作饲料。**生境：**丘陵、低山草坡或田边。**山西省分布：**永济市、沁源县、交城县等。**云丘山分布：**前庄、后庄、坂尔上村和云圣快捷酒店附近。

334 石竹（*Dianthus chinensis*） 石竹科 Caryophyllaceae 石竹属 *Dianthus*

形态特征：多年生草本，茎直立，上部分枝，叶片线状披针形，花单生枝端或数花集成聚伞花序，花瓣紫红色、粉红色、鲜红色或白色，蒴果圆筒形，种子黑色，花期5～6月，果期7～9月。**识别要点：**花瓣上缘有不规则牙齿，苞片长为萼的1/2。**用途与价值：**根和全草具清热利尿，破血通经，散瘀消肿之功效。**生境：**草原、山坡草地。**山西省分布：**天镇县、浑源县、五台县等。**云丘山分布：**云圣快捷酒店、八宝宫和烈士纪念碑附近。

335 石生蝇子草（*Silene tatarinowii*） 石竹科 Caryophyllaceae 蝇子草属 *Silene*

形态特征：多年生草本，茎上升或俯仰，叶片披针形或卵状披针形，稀卵形，二歧聚伞花序疏松，花瓣白色，蒴果卵形或狭卵形，花期7～8月，果期8～10月。**识别要点：**花序总状或圆锥状，茎直立，叶弧形脉，叶腋无短小枝叶，瓣片2叉状，两侧各具1狭长齿片。**用途与价值：**供观赏。**生境：**海拔800～2900米的灌丛中、疏林下多石质的山坡或岩石缝中。**山西省分布：**朔州市、五台县、浑源县、宁武县等。**云丘山分布：**圣母崖和崖壁栈道附近。

336 瞿麦（*Dianthus superbus*） 石竹科 Caryophyllaceae 石竹属 *Dianthus*

形态特征：多年生草本，茎丛生，直立，叶片线状披针形，花生枝端，有时顶下腋生，蒴果圆筒形，种子扁卵圆形，花期6～9月，果期8～10月。**识别要点：**花萼淡紫红色，蒴果萼等长或微长。**用途与价值：**有清热、利尿、破血通经功效。**生境：**海拔400～3700米的丘陵山地疏林下、林缘、草甸、沟谷溪边。**山西省分布：**关帝山、芦芽山、五台山等地。**云丘山分布：**黄金峪周边。

337 鹤草（*Silene fortunei*）　石竹科 Caryophyllaceae　蝇子草属 *Silene*

形态特征：多年生草本，茎丛生，直立，分泌黏液，基生叶叶片倒披针形或披针形，聚伞状圆锥花序，小聚伞花序对生，花瓣淡红色，蒴果长圆形，种子圆肾形，花期 6～8 月，果期 7～9 月。**识别要点：**瓣片深 2 裂，裂片呈撕裂状条裂。**用途与价值：**治痢疾、肠炎、蝮蛇咬伤、挫伤、扭伤等。**生境：**平原或低山草坡或灌丛草地。**山西省分布：**左权县、沁源县灵空山、夏县等地。**云丘山分布：**神仙峪、圣母崖和崖壁栈道附近。

338 蜀葵（*Althaea rosea*）　锦葵科 Malvaceae　蜀葵属 *Althaea*

形态特征：二年生直立草本，茎枝密被刺毛。叶近圆心形，花腋生，单生或近簇生，排列成总状花序式，花瓣倒卵状三角形，果盘状，花期 2～8 月。**识别要点：**花较大，直径 3～5 厘米，紫红色，小苞片长圆形，先端圆钝。**用途与价值：**嫩叶及花可食，皮为优质纤维，全株入药，有清热解毒、镇咳利尿之功效。**生境：**喜阳光充足，耐半阴，但忌涝的地带。**山西省分布：**全省各地常见栽培。**云丘山分布：**中和广场、琪尔康度假村和云圣快捷酒店附近。

339 圆叶锦葵（*Malva rotundifolia*） 锦葵科 Malvaceae 锦葵属 *Malva*

形态特征：多年生草本。叶肾形，花白色至浅粉红色，倒心形，果扁圆形，种子肾形，花期夏季。**识别要点：**植株矮小，匍生，基生叶直径2～5厘米，花梗长2～5厘米，花瓣的瓣爪有髯毛。**用途与价值：**根入药，益气止汗，利尿通乳，托毒排脓。**生境：**荒野、草坡。**山西省分布：**乡宁县关王庙村东、稷山县范家庄北坡村、夏县泗交镇太宽河自然保护区神烈沟等。**云丘山分布：**塔尔坡古村附近。

340 野葵（*Malva verticillata*） 锦葵科 Malvaceae 锦葵属 *Malva*

形态特征：二年生草本。叶肾形或圆形；花3至多朵，花瓣5，果扁球形，种子肾形，紫褐色，花期3～11月。**识别要点：**植株高达1米，基生叶直径6～10厘米，花近于无梗，花瓣的瓣爪无髯毛。**用途与价值：**种子入药可利尿润便，鲜茎叶和根可拔毒排浓。**生境：**荒地、路旁和村边。**山西省分布：**永济市水峪口、介休市绵山、太原市南北郊、浑源县、阳高县、广灵县、沁源县灵空山、夏县泗交、恒曲县历山等。**云丘山分布：**东红花坪、红花坪和东交口村附近。

341 牻牛儿苗 (*Erodium stephanianum*)

牻牛儿苗科 Geraniaceae　　牻牛儿苗属 *Erodium*

形态特征： 多年生草本。茎仰卧或蔓生，叶片卵形或三角状卵形，伞形花序腋生，花瓣紫红色，倒卵形，蒴果长约4厘米，密被短糙毛，种子褐色，花期6～8月，果期8～9月。**识别要点：** 叶羽状全裂或深裂；雄蕊10，常5枚具花药；蒴果成熟时果瓣与中轴分离，喙部自下而上呈螺旋状卷曲。**用途与价值：** 全草入药，可强筋骨、祛风除湿和清热解毒。**生境：** 干山坡、农田边、沙质河滩地和草原凹地等。**山西省分布：** 夏县、五台县、蒲县、中条山、五台山区、太岳山等。**云丘山分布：** 水库、一号冰洞和东交口村附近。

342 鼠掌老鹳草 (*Geranium sibiricum*)

牻牛儿苗科 Geraniaceae　　老鹳草属 *Geranium*

形态特征： 一年生或多年生草本。茎纤细，仰卧或近直立，叶片肾状五角形，基部宽心形，花瓣倒卵形，淡紫色或白色，花瓣倒卵形，淡紫色或白色，种子肾状椭圆形，黑色，花期6～7月，果期8～9月。**识别要点：** 花小，花序梗有1花，叶掌状深裂，中央深裂片菱形，渐尖。**用途与价值：** 全草入药。**生境：** 林缘、疏灌丛、河谷草甸或杂草。**山西省分布：** 朔州市、天镇县、五台县、娄烦云县顶山大羊坪、乡宁县台头村北沙坪、芮城县、沁县等地。**云丘山分布：** 康家坪停车场、游仙湖、圣母崖和崖壁栈道附近。

343 野亚麻（*Linum stelleroides*） 亚麻科 Linaceae 亚麻属 *Linum*

形态特征：一年生或二年生草本。茎圆柱形，有凋落的叶痕点，叶线形、线状披针形或狭倒披针形，单花或多花组成聚伞花序，花瓣5，倒卵形，淡红色、淡紫色或蓝紫色，蒴果球形或扁球形，种子长圆形，花期6～9月，果期8～10月。**识别要点：**萼片边缘有黑色腺齿，花冠淡紫色，花瓣为萼片的3～4倍长，花径约1厘米，果径约4毫米；野生。**用途与价值：**茎皮纤维可作人造棉、麻布和造纸原料，种子可榨油，可治便秘、荨麻疹等。**生境：**海拔630～2750米的山坡、路旁和荒山地。**山西省分布：**浑源县、平鲁县、五台县、交城县、稷山县等地。**云丘山分布：**善人沟和黄金峪附近。

344 罗布麻（*Apocynum venetum*） 夹竹桃科 Apocynaceae 罗布麻属 *Apocynum*

形态特征：直立半灌木，具乳汁。枝条圆筒形，紫红色或淡红色，叶片椭圆状披针形至卵圆状长圆形，圆锥状聚伞花序一至多歧，花冠圆筒状钟形，紫红色或粉红色，蓇葖果，长角状，种子卵圆状长圆形，黄褐色，花期4～9月，果期7～12月。**识别要点：**叶对生，茎直立，无刺，花成聚伞花序。**用途与价值：**茎皮纤维可作纺织原料，根、叶可入药，治疗高血压、头晕、失眠、利尿等。**生境：**河滩盐碱沙荒地。**山西省分布：**太原市、运城市、怀仁县、芮城县等。**云丘山分布：**东红花坪、红花坪和芦院沟附近。

345 紫花耧斗菜（*Aquilegia viridiflora* f. *atropurpurea*）

毛茛科 Ranunculaceae　耧斗菜属 *Aquilegia*

形态特征：茎高 15～50 厘米，常在上部分枝，外皮黑褐色，基生叶二回三出复叶，楔状倒卵形，花暗紫色或紫色，倒卵形，蓇葖果，种子黑色，狭倒卵形，5～7 月开花，7～8 月结果。**识别要点：**花稍小，3～7 朵，倾斜或微下垂，萼片暗紫色或紫色，花瓣末端直或稍内弯，雄蕊常伸出花冠外。**用途与价值：**根可供药用。**生境：**山谷林中或沟边多石处。**山西省分布：**全省各地。**云丘山分布：**圣母崖和崖壁栈道附近。

346 华北耧斗菜（*Aquilegia yabeana*）毛茛科 Ranunculaceae　耧斗菜属 *Aquilegia*

形态特征：茎高 40～60 厘米，基生叶为一或二回三出复叶，菱状倒卵形或宽菱形，花序有少数花，花瓣紫色，顶端圆截形，蓇葖果，种子黑色，狭卵球形。5～6 月开花。**识别要点：**花少数几朵，通常下垂；萼片紫色；花瓣末端钩状弯曲；雄蕊一般不伸出花冠外。**用途与价值：**根可作饴糖或酿酒，种子含油，可供工业用。**生境：**山地草坡或林边。**山西省分布：**全省各地。**云丘山分布：**三号缆车、心形池、玉皇顶和土地庙周边。

PLANTS OF YUNQIU MOUNTAIN

347 大火草（*Anemone tomentosa*） 毛茛科 Ranunculaceae 银莲花属 *Anemone*

形态特征：植株高 40～150 厘米，叶片卵形至三角状卵形，聚伞花序长 26～38 厘米，淡粉红色或白色，倒卵形、宽倒卵形或宽椭圆形，聚合果球形，瘦果长约 3 毫米，7 月至 10 月开花。识别要点：基生叶具长柄，多为三出复叶；萼片 5，花较大，直径 5～6 厘米，心皮数 400～500 个，子房密被绒毛。用途与价值：根茎供药用，治痢疾、小儿驱虫。生境：海拔 1200～1850 米的山坡草地或路边向阳处。山西省分布：中条山、太岳山。云丘山分布：康家坪停车场、桃花源、葫芦潭好圣母崖周边。

348 千屈菜（*Lythrum salicaria*） 千屈菜科 Lythraceae 千屈菜属 *Lythrum*

形态特征：多年生草本，茎直立，高 30～100 厘米，枝常 4 棱，叶披针形或阔披针形，小聚伞花序，花瓣 6，红紫色或淡紫色，倒披针状长椭圆形，蒴果扁圆形。识别要点：花瓣小，无爪，边缘无皱褶。用途与价值：全草入药可治疗痢疾、瘀血闭经等症。生境：河岸、湖畔、溪沟边和潮湿草地。山西省分布：介休市、运城市盐池、五台县、灵丘县、绛县、夏县泗交镇太宽河等地。云丘山分布：神仙峪周边。

349 柳兰（*Epilobium angustifolium*） 柳叶菜科 Onagraceae 柳叶菜属 *Epilobium*

形态特征：多年粗壮草本，茎高20～130厘米，圆柱状；叶螺旋状互生，线状披针形或狭披针形，花序总状，花粉红至紫红色稀白色，倒卵形或狭倒卵形，蒴果，种子狭倒卵状，花期6～9月，果期8～10月。**识别要点：**花稍两侧对称，花瓣顶端不2裂；雄蕊1轮，花下垂。**用途与价值：**全草入药，可活血、调经、消肿止痛；全株可提取栲胶。**生境：**山区半开旷或开旷较湿润草坡灌丛、火烧迹地、高山草甸、河滩、砾石坡。**山西省分布：**太原市、五台县、娄烦县、芦芽山、关帝山、庞泉沟等地。**云丘山分布：**塔尔坡停车场和神仙峪周边。

350 小花柳叶菜（*Epilobium parviflorum*）
柳叶菜科 Onagraceae 柳叶菜属 *Epilobium*

形态特征：多年生粗壮草本，茎18～100（～160）厘米；叶对生，狭披针形或长圆状披针形，总状花序直立，花瓣粉红色至鲜玫瑰紫红色，稀白色，宽倒卵形，种子倒卵球状，褐色，花期6～9月，果期7～10月。**识别要点：**花瓣小，长约6毫米，叶近无柄，不抱茎。**生境：**海拔（350～）500～1800（～2500）米山区河谷、溪流、湖泊湿润地、向阳及荒坡草地。**山西省分布：**阳高县大峪口村、泽州县柳树口镇东大河、绛县、夏县泗交镇、芮城县双庙等处。**云丘山分布：**求子灵池和龙池周边。

351 野韭 (*Allium ramosum*) 百合科 Liliaceae 葱属 *Allium*

形态特征：鳞茎近圆柱状，外皮暗黄色至黄褐色，叶三棱状条形，伞形花序半球状或近球状，多花，白色，稀淡红色，花期、果期 6 月底到 9 月。**识别要点：**叶背面具龙骨状突起，中空，花被片常具红色中脉。**用途与价值：**叶可食用。**生境：**海拔 460～2100 米的向阳山坡、草坡或草地上。**山西省分布：**五台县石咀乡、交城县关帝山及太岳山等地。**云丘山分布：**黄金峪、善人沟和马璧峪附近。

352 鸢尾 (*Iris tectorum*) 鸢尾科 Iridaceae 鸢尾属 *Iris*

形态特征：多年生草本。根状茎粗壮，二歧分枝，叶黄绿色，宽剑形，花蓝紫色，直径约 10 厘米，蒴果长椭圆形或倒卵形，种子黑褐色，梨形，花期 4～5 月，果期 6～8 月。**识别要点：**外花被裂片上附属物为鸡冠状，表面不整齐，无明显的地上茎，叶基生。**用途与价值：**观赏植物，根茎可入药，可消积、通便、散瘀。**生境：**向阳坡地、林缘及水边湿地。**山西省分布：**全省各地均有栽培。**云丘山分布：**八宝宫、康家坪停车场和葫芦潭附近。

353 矮紫苞鸢尾（*Iris ruthenica* var. *nana*）　鸢尾科 Iridaceae　鸢尾属 *Iris*

形态特征：多年生草本。根状茎二歧分枝；叶条形，灰绿色；花淡蓝色或蓝紫色，外花被裂片倒披针形，内花被裂片直立，狭倒披针形；子房狭卵形，柱状，花期 4～5 月，果期 6～7 月。**识别要点：**植株不密集成丛；根状茎非为木质；花茎顶端仅生 1 花，苞片边缘紫红色。**用途与价值：**园林观赏。**生境：**向阳砂质地或山坡草地。**山西省分布：**霍州市七里峪村、乡宁县云丘山等地。**云丘山分布：**土地庙和二号缆车附近。

354 野鸢尾（*Iris dichotoma*）　鸢尾科 Iridaceae　鸢尾属 *Iris*

形态特征：多年生草本。根状茎棕褐色或黑褐色，花茎实心，叶两面灰绿色，剑形，花蓝紫色或浅蓝色，有棕褐色的斑纹，直径 4～4.5 厘米，蒴果圆柱形或略弯曲，果皮黄绿色，革质，种子暗褐色，椭圆形，有小翅。花期 7～8 月，果期 8～9 月。**识别要点：**花茎成二歧状分枝，花被管极短。**生境：**砂质草地、山坡石隙等向阳干燥处。**山西省分布：**全省各地。**云丘山分布：**坂尔上村附近。

355 地角儿苗（*Oxytropis bicolor*）　豆科 Leguminosae　棘豆属 *Oxytropis*

形态特征：多年生草本。茎缩短，簇生，轮生羽状复叶，线形、线状披针形、披针形；总状花序，花长约 20 毫米，花冠紫红色、蓝紫色，旗瓣菱状卵形，荚果几革质，稍坚硬，卵状长圆形，膨胀，腹背稍扁，种子宽肾形，暗褐色，花期、果期 4～9 月。**识别要点：**花具 7～17 轮小叶，每轮 4 枚。**生境：**海拔 180～2500 米的山坡、砂地、路旁及荒地上。**山西省分布：**太原市天龙山、中条山、太岳山马和乡、娄烦县汾河水库等地。**云丘山分布：**玉莲洞、琪尔康度假村、云圣快捷酒店和东红花坪附近。

356 米口袋（*Gueldenstaedtia verna* subsp. *multiflora*）
豆科 Leguminosae　米口袋属 *Gueldenstaedtia*

形态特征：多年生草本。小叶 7～21 片，托叶宿存，伞形花序有 2～6 朵花，花萼钟状，花冠紫堇色，荚果圆筒状，被长柔毛，种子三角状肾形，具凹点。花期 4 月，果期 5～6 月。**识别要点：**小叶为椭圆形、长圆形或卵形，先端圆形或稍尖，伞形花序有小花 2～3。**用途与价值：**全草入药，可清热解毒。**生境：**海拔 1300 米以下的山坡、路旁、田边等。**山西省分布：**太原市阳曲县、永济市太峪口、陵川县夺火乡镇、沁源县郭道镇、恒曲县历山镇历山、沁水县等地。**云丘山分布：**善人沟、琪尔康度假村、芦院沟和坂尔上村附近。

357 狭叶米口袋（*Gueldenstaedtia stenophylla*）

豆科 Leguminosae 米口袋属 *Gueldenstaedtia*

形态特征：多年生草本。分茎较缩短，具宿存托叶，叶长1.5～15厘米，被疏柔毛，小叶7～19片，早春小叶卵形，夏秋线形，伞形花序具2～3朵花，有时4朵，花冠粉红色，萼筒钟状，种子肾形，具凹点，花期4月，果期5～6月。识别要点：花长6～8毫米，小叶通常为长圆形至线形。用途与价值：全草入药，可清热解毒。生境：向阳的山坡、草地等处。山西省分布：太原市天龙山、娄烦县、沁源县、襄汾县、恒曲县历山镇。云丘山分布：琪尔康度假村和红花坪附近。

358 大花野豌豆（*Vicia bungei*） 豆科 Leguminosae 野豌豆属 *Vicia*

形态特征：一二年生缠绕或匍匐伏草本，高15～40（～50）厘米。茎有棱，多分枝，叶长圆形或狭倒卵长圆形，总状花序，具花2～4（～5）朵，萼钟形，花冠红紫色或近蓝紫色，荚果扁长圆形，种子2～8，球形，花期4～5月，果期6～7月。识别要点：植株矮小，小叶4～10，先端截形有浅凹，花序有花2～4朵。用途与价值：全株可作饲料及绿肥，嫩时可作蔬菜。生境：海拔280～3800米的山坡、谷地、草丛、田边及路旁。山西省分布：太原市、介休市绵山、沁源县灵空山、乡宁县关王庙、稷山县等地。云丘山分布：琪尔康度假村、停车场和五龙宫附近。

PLANTS OF YUNQIU MOUNTAIN

359 山野豌豆（*Vicia amoena*） 豆科 Leguminosae 野豌豆属 *Vicia*

形态特征：多年生草本，高 30～100 厘米。茎具棱，多分枝，偶数羽状复叶，小叶 4～7 对，椭圆形至卵披针形，总状花序，花冠红紫色、蓝紫色或蓝色，荚果长圆形，两端渐尖，无毛，种子圆形，种皮革质，深褐色，具花斑，花期 4～6 月，果期 7～10 月。识别要点：小叶椭圆形或长圆形，侧脉通常直达边缘。用途与价值：茎叶可作饲料，全草入药，可祛湿，清热解毒，种子油可制肥皂、润滑油。生境：海拔 80～7500 米的草甸、山坡、灌丛或杂木林中。山西省分布：朔州市、运城市、太原市阳曲县、恒曲县历山镇、芮城县后坪、夏县泗交镇、五台县台怀镇、阳高县等。云丘山分布：马璧峪、黄金峪和安汾村附近。

360 大叶野豌豆（*Vicia pseudorobus*） 豆科 Leguminosae 野豌豆属 *Vicia*

形态特征：多年生草本。茎有棱，绿色或黄色，具黑褐斑，偶数羽状复叶，小叶 2～5 对，卵形、椭圆形或长圆披针形，纸质或革质，总状花序，花紫色或蓝紫色，荚果长圆形，扁平，棕黄色，种子扁圆形，棕黄色、棕红褐色至褐黄色，花期 6～9 月，果期 8～10 月。识别要点：小叶卵形、椭圆形或披针状卵形，侧脉不达边缘，在末端联合成波状或牙齿状。用途与价值：可作牧草，全草入药，能清热解毒。生境：海拔 800～2000 米的山地、灌丛或林中。山西省分布：永济市方山。云丘山分布：崖壁栈道、一线天和心形池附近。

361 歪头菜（*Vicia unijuga*） 豆科 Leguminosae 野豌豆属 *Vicia*

形态特征：多年生草本。茎丛生，具棱，基部表皮红褐色或紫褐红色，小叶一对，卵状披针形或近菱形，总状花序，花冠蓝紫色、紫红色或淡蓝色，荚果扁、长圆形，无毛，表皮棕黄色，近革质，果瓣扭曲；种皮黑褐色，革质。花期 6～7 月，果期 8～9 月。**识别要点：**花小，花柱上半部四周被短柔毛，荚果瘦而扁，种子间无横隔膜，小叶 1 对。**用途与价值：**可作牧草，入药，可解热、利尿、理气，止痛。**生境：**海拔 4000 米以下的山地、林缘、草地、沟边及灌丛。**山西省分布：**全省各地。**云丘山分布：**三官洞、心形池、玉皇顶和土地庙附近。

362 远志（*Polygala tenuifolia*） 远志科 Polygalaceae 远志属 *Polygala*

形态特征：多年生草本，高 15～50 厘米。茎直立或倾斜，具纵棱槽，叶线形至线状披针形，总状花序呈扁侧状生于小枝顶端，花瓣 3，紫色，侧瓣斜长圆形，蒴果圆形，顶端微凹，具狭翅，无缘毛；种子卵形，黑色，密被白色柔毛。花期、果期 5～9 月。**识别要点：**叶线形或线状披针形；蒴果无睫毛。**用途与价值：**根入药，可安神化痰、消痈肿等。**生境：**海拔（200～）460～2300 米的草原、山坡草地、灌丛中及杂木林下。**山西省分布：**天镇县、五台县、灵丘县、乡宁县、蒲县等地。**云丘山分布：**红花坪、芦院沟、云圣快捷酒店和八宝宫附近。

363 筋骨草（*Ajuga ciliata*） 唇形科 Labiatae 筋骨草属 *Ajuga*

形态特征：多年生草本。茎高25～40厘米，四棱形，紫红色或绿紫色，叶片纸质，卵状椭圆形至狭椭圆形，穗状聚伞花序顶生，花冠紫色，具蓝色条纹，小坚果长圆状或卵状三棱形，背部具网状皱纹，腹部中间隆起，花期4～8月，果期7～9月。识别要点：叶卵状椭圆形至狭椭圆形，苞叶与茎叶异形，卵形。用途与价值：全草入药，治肺热咯血、跌打损伤、扁桃腺炎、咽喉炎等症。生境：海拔340～1800米的山谷溪旁、荫湿的草地、林下湿润处及路旁草丛中。山西省分布：关帝山、绵山、沁源县灵空山、垣曲县、夏县等地。云丘山分布：心形池、玉皇顶、土地庙和二号缆车周边。

364 毛叶香茶菜（*Rabdosia japonica*） 唇形科 Labiatae 香茶菜属 *Rabdosia*

形态特征：多年生草本。茎直立，高0.4～1.5米，钝四棱形，茎叶卵形或阔卵形，上面暗绿色，下面淡绿色，圆锥花序，花冠淡紫、紫蓝至蓝色，上唇具深色斑点，成熟小坚果卵状三棱形，黄褐色，无毛，顶端具疣状凸起，花期7～8月，果期9～10月。识别要点：叶卵形或阔卵形，两面疏被柔毛及腺点；花萼常带蓝色，密被贴生微柔毛或灰白色毛茸，萼齿短于萼筒；雄蕊及花柱伸出；小坚果顶端具疣状凸出。生境：海拔2100米以下的山坡、谷地、路旁、灌木丛中。山西省分布：朔州市，浑源县黄花滩，五台县灵境乡、耿镇镇，永济市方山等地。云丘山分布：圣母崖和崖壁栈道附近。

365 碎米桠（*Rabdosia rubescens*） 唇形科 Labiatae 香茶菜属 *Rabdosia*

形态特征：小灌木。茎直立，基部近圆柱形，灰褐色或褐色，茎叶对生，卵圆形或菱状卵圆形，苞叶菱形或菱状卵圆形至披针形，聚伞花序 3～5 花，花萼钟形，带紫红色，小坚果倒卵状三棱形，淡褐色，无毛，花期 7～10 月，果期 8～11 月。**识别要点：**花萼具相等的 5 齿或微 3/2 式二唇型；花冠上唇先端具 4 圆齿，外反，下唇宽卵形，内凹。**用途与价值：**全草对急慢性咽炎、急性扁桃腺炎等有治疗作用，对食道癌、乳腺癌等癌症有缓解作用。**生境：**海拔 100～2800 米的山坡、灌木丛、林地、砾石地及路边等向阳处。**山西省分布：**运城市解州县、霍州市、五台县东冶坪上村等地。**云丘山分布：**黄金峪附近。

366 黄芩（*Scutellaria baicalensis*） 唇形科 Labiatae 黄芩属 *Scutellaria*

形态特征：多年生草本。茎钝四棱形，具细条纹，绿色或带紫色，叶坚纸质，披针形至线状披针形，总状花序，常于茎顶聚成圆锥花序，花冠紫、紫红至蓝色，小坚果卵球形，黑褐色，花期 7～8 月，果期 8～9 月。**识别要点：**茎叶披针形或线状披针形，全缘，叶下面有凹陷点。**用途与价值：**根茎入药，对上呼吸道感染、急性肠胃炎有效。**生境：**海拔 60～1300（1700～2000）米的向阳草坡地、荒地上。**山西省分布：**离石市、五台县、广灵县、山阴县、左云县、沁源县等地。**云丘山分布：**康家坪古村附近。

367 京黄芩（*Scutellaria pekinensis*） 唇形科 Labiatae 黄芩属 *Scutellaria*

形态特征：一年生草本。茎直立，四棱形，绿色，基部通常带紫色，叶草质，卵圆形或三角状卵圆形，花对生，总状花序，花冠蓝紫色，成熟小坚果栗色或黑栗色，卵形，具瘤，腹面中下部具一果脐，花期6～8月，果期7～10月。**识别要点：**叶卵圆形或三角状卵圆形，先端锐尖至钝，基部截形、截状楔形或圆形，边缘具钝牙齿或缺刻状牙齿。**用途与价值：**全草入药，清热解毒，用于跌打损伤。**生境：**海拔600～1800米的石坡、潮湿谷地或林下。**山西省分布：**阳城县莽河镇、平陆县、乡宁县云丘山等地。**云丘山分布：**圣母崖附近。

368 益母草（*Leonurus artemisia*） 唇形科 Labiatae 益母草属 *Leonurus*

形态特征：一年生或二年生草本。茎直立，钝四棱形，微具槽，有倒向糙伏毛，茎下部叶为卵形，基部宽楔形，轮伞花序腋生，花冠粉红至淡紫红色，小坚果长圆状三棱形，淡褐色，光滑，花期常在6～9月，果期9～10月。**识别要点：**叶分裂成的小裂片通常在3毫米以上，花序上的苞片全缘或具稀少牙齿；花冠较小，长1～1.2厘米，上唇与下唇约等长。**用途与价值：**全草入药，治妇科病、动脉硬化和高血压等，种子治眼疾、痢疾、肾炎水肿和子宫脱落。**生境：**多种生境，尤以阳处为多，海拔可高达3400米。**山西省分布：**全省各地。**云丘山分布：**求子灵池、东红花坪、云圣快捷酒店和琪尔康度假村附近。

369 通泉草（*Mazus japonicus*） 玄参科 Scrophulariaceae　通泉草属 *Mazus*

形态特征：一年生草本。茎直立，基生叶成莲座状或早落，倒卵状匙形至卵状倒披针形，茎生叶对生或互生，总状花序生于茎、枝顶端，花冠白色、紫色或蓝色，倒卵圆形，蒴果球形，种子黄色，种皮上有不规则的网纹，花期、果期 4～10 月。**识别要点：**子房无毛；茎完全草质，直立或倾卧而节上生根，常有长蔓的匍匐茎；萼脉有的不明显，萼齿多为卵形，钝头至短尖。**用途与价值：**全草入药，用于偏头痛、消化不良、疔疮、脓疱疮、烫伤等。**生境：**海拔 2500 米以下的湿润的草坡、沟边、路旁及林缘。**山西省分布：**河津市、霍州市七里峪村、洪洞县兴唐寺村、襄汾县等地。**云丘山分布：**安汾村、东交口村、芦院沟和停车场附近。

370 山罗花（*Melampyrum roseum*） 玄参科 Scrophulariaceae　山罗花属 *Melampyrum*

形态特征：直立草本。茎多分枝，近于四棱形，叶片披针形至卵状披针形，花冠紫色、紫红色或红色，蒴果卵状渐尖，种子黑色，花期夏秋。**识别要点：**叶片卵状披针形至长卵形，或为条形至条状披针形；苞叶整个边缘具刺毛状长齿，宽 0.3～3 厘米；苞叶通常具芒状或刺毛状长齿；花冠长 15～20 毫米。**用途与价值：**全草入药，具清热解毒之效。**生境：**海拔 150～1900 米的山坡灌丛阴处。**山西省分布：**太原市、五台县、中阳县、乡宁县、稷山县等地。**云丘山分布：**神仙峪、黄金峪、玉皇顶和土地庙附近。

PLANTS OF YUNQIU MOUNTAIN

371 松蒿（*Phtheirospermum japonicum*）

玄参科 Scrophulariaceae　　松蒿属 *Phtheirospermum*

形态特征：一年生草本。茎直立或弯曲而后上升，通常多分枝，叶片长三角状卵形，萼齿叶状，披针形，花冠紫红色至淡紫红色，上唇裂片三角状卵形，下唇裂片先端圆钝，蒴果卵珠形，种子卵圆形，扁平，花期、果期 6～10 月。识别要点：叶一回羽状全裂；小裂片多为卵形，边缘具重锯齿或羽状深裂，种子有网纹。用途与价值：全草入药，能清热利湿，主治湿热黄疸、水肿。生境：海拔 150～1900 米的山坡灌丛阴处。山西省分布：高平市、五台县秀峰村、临县甘川沟村、乡宁县光华镇。云丘山分布：琪尔康度假村附近。

372 埃氏马先蒿（*Pedicularis artselaeri*）

玄参科 Scrophulariaceae　　马先蒿属 *Pedicularis*

形态特征：多年生草本，草质。叶有长柄，叶片长圆状披针形，花腋生，具有长梗，花大，浅紫红色，蒴果卵圆形，稍扁平，顶端有偏指下方的凸尖。识别要点：植株茎多短缩而不明显；花多聚生于茎基部叶腋中。用途与价值：园林观赏。生境：海拔 1100～2800 米的石坡草丛中和林下较干处。山西省分布：浑源县恒山、大磁窑镇，稷山县，沁水县下川村，恒曲县。云丘山分布：二号缆车、三号缆车、玉皇顶和土地庙附近。

373 角蒿（*Incarvillea sinensis*） 紫葳科 Bignoniaceae 角蒿属 *Incarvillea*

形态特征：草本。具分枝的茎，叶互生，小叶不规则细裂，末回裂片线状披针形，具细齿或全缘，顶生总状花序，花冠淡玫瑰色或粉红色，有时带紫色，钟状漏斗形，蒴果淡绿色，细圆柱形，种子扁圆形，花期 5～9 月，果期 10～11 月。识别要点：花粉紫红色；叶形态及大小多变；种翅卵圆形，透明，膜质，顶端具缺刻。用途与价值：作中药治疗湿疹、口疮、风湿关节痛等。生境：海拔 500～2500（～3850）米的山坡、田野。山西省分布：介休市绵山、蒲县克城镇、稷山县、交城县关帝山等地。云丘山分布：善人沟、黄金峪、丁石村、前庄和后庄附近。

374 地黄（*Rehmannia glutinosa*） 玄参科 Scrophulariaceae 地黄属 *Rehmannia*

形态特征：茎紫红色；叶在茎基部集成莲座状，叶片卵形至长椭圆形，上面绿色，下面略带紫色或成紫红色，总状花序，花冠外面紫红色，内面黄紫色，蒴果卵形至长卵形，花期、果期 4～7 月。识别要点：具基生叶与茎生叶；花梗细弱，弯曲而后上升；花冠裂片 5 枚；雄蕊 4 枚；蒴果室背开裂。用途与价值：根茎入药，有清热凉血、调经、解毒之效。生境：荒山坡、山脚、墙边、路旁、海拔 50～1100 米的砂质壤土等处。山西省分布：娄烦县、阳曲县、乡宁县、临县、夏县等地。云丘山分布：琪尔康度假村、康家坪停车场、坂尔上村和塔尔坡古村附近。

375 旋蒴苣苔（*Boea hygrometrica*） 苦苣苔科 Gesneriaceae 旋蒴苣苔属 *Boea*

形态特征：多年生草本。叶基生，莲座状，无柄，近圆形、圆卵形、卵形，聚伞花序伞状，花冠淡蓝紫色，蒴果长圆形，外面被短柔毛，螺旋状卷曲，种子卵圆形，花期7～8月，果期9月。**识别要点：**叶片近圆形、圆卵形，长1.8～7厘米，宽1.2～5.5厘米，下面均被白色或淡褐色贴伏长绒毛；花萼、花梗及子房被短柔毛，花冠筒部较裂片长；蒴果成熟时成螺旋状卷曲。**用途与价值：**全草入药，可治中耳炎、跌打损伤等。**生境：**海拔200～1320米的山坡路旁岩石上。**山西省分布：**五台县、稷山县、乡宁县、阳城县蟒河镇等地。**云丘山分布：**神仙峪、黄金峪和一号冰洞附近。

376 北乌头（*Aconitum kusnezoffii*） 毛茛科 Ranunculaceae 乌头属 *Aconitum*

形态特征：茎高（65～）80～150厘米，无毛，叶片纸质或近革质，五角形，圆锥花序，萼片紫蓝色，花瓣无毛，向后弯曲或近拳卷，蓇葖果直，种子扁椭圆球形，沿棱具狭翅，7～9月开花。**识别要点：**叶末回裂片三角状卵形；心皮5；上萼片近似高盔形；顶生总状花序具9～22朵花，上萼片喙显明。**用途与价值：**根入药，可散风寒湿，止痛。**生境：**海拔1000～2400米的山地草坡或疏林中。**山西省分布：**介休市绵山、文水县关帝山、灵石县马和乡等地。**云丘山分布：**玉皇顶、土地庙和二号缆车附近。

377 牛扁（*Aconitum barbatum* var. *puberulum*）

毛茛科 Ranunculaceae　　乌头属 *Aconitum*

形态特征：茎高 55～90 厘米，叶片肾形或圆肾形，顶生总状花序，具密集的花，花瓣无毛，直或稍向后弯曲，蓇葖果长约 1 厘米，种子倒卵球形，褐色，7～8 月开花。**识别要点：**茎和叶柄只有反曲紧贴的短柔毛，而无开展的长柔毛。**用途与价值：**根入药治腰腿痛，关节肿痛。**生境：**海拔 400～2700 米的山地疏林下或较阴湿处。**山西省分布：**太岳山、芦芽山。**云丘山分布：**心形池和玉皇顶周边。

378 杜鹃兰（*Cremastra appendiculata*）兰科 Orchidaceae　杜鹃兰属 *Cremastra*

形态特征：假鳞茎卵球形或近球形，叶通常 1 枚，狭椭圆形、近椭圆形或倒披针状狭椭圆形，总状花序，花多少下垂，不完全开放，有香气，狭钟形，花瓣倒披针形或狭披针形，紫红色，蒴果近椭圆形，下垂，花期 5～6 月，果期 9～12 月。**识别要点：**假鳞茎密接；叶通常 1 枚，无紫斑；花多少下垂，唇瓣中裂片不反折。**用途与价值：**假鳞茎药用，可清热解毒、活血止痛。**生境：**海拔 500～2900 米的林下湿地或沟边湿地上。**山西省分布：**介休市绵山、永济市、阳高县、夏县泗交镇、沁水县下川乡、阳城县及恒曲县等地。**云丘山分布：**三号缆车、心形池、三官洞和玉皇顶附近。

379 山西玄参（*Scrophularia modesta*）

玄参科 Scrophulariaceae 玄参属 *Scrophularia*

形态特征：草本。茎四棱形，有白色髓心或有时中空，棱上微突，有密短腺毛叶片卵形或矩圆状披针形，叶片卵形、卵状矩圆形至矩圆状披针形，花序顶生或还有侧枝之聚伞圆锥花序，聚伞花序稍稀疏，蒴果卵形，花期 5～7 月，果期 7～9 月。**识别要点：**支根不作纺锤形膨大。**用途与价值：**滋阴降火，解毒散结。**生境：**海拔 1100～2300 米的草地、河流旁、山沟阴处或林下。**山西省分布：**垣曲县等。**云丘山分布：**圣母崖附近。

380 藿香（*Agastache rugosa*） 唇形科 Labiatae 藿香属 *Agastache*

形态特征：多年生草本。茎直立，四棱形，叶心状卵形至长圆状披针形，边缘具粗齿，纸质。轮伞花序多花，花冠淡紫蓝色，成熟小坚果卵状长圆形，腹面具棱，褐色，花期 6～9 月，果期 9～11 月。**识别要点：**后对雄蕊下倾，前对雄蕊上升，花盘裂片相等，不大伸出，花冠下唇中裂片无爪状狭柄，叶不分裂。**用途与价值：**全草入药，有止吐，治霍乱，逐肠胃充气之效。**生境：**各地广泛分布，常见栽培。**山西省分布：**五台县、沁源县、翼城县、灵石县、阳城县等。**云丘山分布：**黄金峪和马璧峪周边。

381 香薷（*Elsholtzia ciliata*） 唇形科 Labiatae　香薷属 *Elsholtzia*

形态特征：直立草本。茎钝四棱形，具槽，常呈麦秆黄色，老时变紫褐色，叶卵形或椭圆状披针形，穗状花序，花冠淡紫色，小坚果长圆形，棕黄色，光滑；花期 7～10 月，果期 10 月至翌年 1 月。识别要点：叶卵形或卵状披针形，穗状花序偏向于一侧；苞片卵圆形，先端呈芒状突尖。用途与价值：全草入药，治急性肠胃炎，腹痛吐泻，头痛发热，霍乱，水肿等症。生境：海拔 3400 米以下的路旁、山坡、荒地、林内、河岸。山西省分布：全省各地。云丘山分布：神仙峪、黄金峪和马壁峪附近。

382 木香薷（*Elsholtzia stauntoni*） 唇形科 Labiatae　香薷属 *Elsholtzia*

形态特征：直立半灌木。茎上部钝四棱形，具槽及细条纹，带紫红色，叶披针形至椭圆状披针形，下面白绿色，穗状花序，花冠玫瑰红紫色，小坚果椭圆形，光滑，花期、果期 7～10 月。识别要点：直立半灌木；红玫瑰红紫色；苞片披针形或线状披针形。用途与价值：种子榨油用于调制干性油、油漆，花、茎、叶可提取香料，可作为调味品。生境：海拔 700～1600 米的谷地溪边或河川沿岸、草坡及石山上。山西省分布：浑源县、五台县、阳曲县、芮城县等地。云丘山分布：善人沟、黄金峪和一号冰洞附近。

383 密花香薷（*Elsholtzia densa*） 唇形科 Labiatae 香薷属 *Elsholtzia*

形态特征：草本，高 20～60 厘米。茎直立，茎及枝均四棱形，叶长圆状披针形至椭圆形，草质，穗状花序长圆形或近圆形，花冠小，淡紫色，小坚果卵珠形，暗褐色，花期、果期 7～10 月。**识别要点：**叶长圆形、披针形或椭圆形；穗状花序呈粗圆锥形；苞片卵圆状圆形，先端钝。**用途与价值：**蜜源植物。全草入药，治疗夏季感冒、中暑、急性胃炎、胸闷、口臭等症状。**生境：**海拔 1800～4100 米的林缘、高山草甸、林下、河边及山坡荒地。**山西省分布：**朔州市、浑源县广崖沟、娄烦县云顶山、灵石县石膏山、偏关县南堡子村、宁武县。**云丘山分布：**玉皇顶周边。

384 羽裂蓝刺头（*Echinops pseudosetifer*） 菊科 Compositae 蓝刺头属 *Echinops*

形态特征：多年生草本。茎直立，叶片全形长椭圆形，羽状深裂，复头状花序单生茎顶，小花蓝色，长 1.3 厘米，瘦果倒圆锥状，花期、果期 8～9 月。**识别要点：**茎下部或中部以下被长或短刚毛或糙毛并兼被稀疏蛛丝状毛；叶羽状分裂；总苞片 18～22 个；基毛长为总苞长的 1/3～2/5。**用途与价值：**全草入药，清热解毒，排脓止血，消痈下乳。**生境：**海拔 400～700 米的山坡。**山西省分布：**昔阳县、乡宁县、沁源县灵空山、隰县等。**云丘山分布：**玉皇顶、二号缆车和土地庙附近。

385 日本续断（*Dipsacus japonicus*）　川续断科 Dipsacaceae　川续断属 *Dipsacus*

形态特征：多年生草本，高 1 米以上。茎中空，具 4～6 棱，棱上具钩刺，基生叶叶片长椭圆形，茎生叶对生，叶片椭圆状卵形至长椭圆形，头状花序顶生，圆球形，瘦果长圆楔形，花期 8～9 月，果期 9～11 月。**识别要点：**茎棱上具较密的钩刺，叶面被白色刺毛，背面脉上具疏钩刺，无乳头状刺毛；花常为紫红色，花冠漏斗状，花冠管基部的细管明显，长 5～8 毫米。**用途与价值：**根入药，治疗腰膝酸软，风湿痹痛，筋骨折伤，跌打损伤，崩漏下血等。**生境：**山坡、路旁和草坡。**山西省分布：**中条山、太岳山、关帝山庞泉沟等地。**云丘山分布：**神仙峪、圣母崖、崖壁栈道和黄金峪附近。

386 魁蓟（*Cirsium leo*）　菊科 Compositae　蓟属 *Cirsium*

形态特征：多年生草本。茎直立，有条棱，基部和下部茎叶全形长椭圆形或倒披针状长椭圆形，羽状深裂，头状花序在茎枝顶端排成伞房花序，小花紫色或红色，瘦果灰黑色，偏斜椭圆形，顶端斜截形，压扁，花期、果期 5～9 月。**识别要点：**总苞片无毛或被稀疏的蛛丝毛，全部总苞片等长或近等长，外层较长或稍短，镊合状排列，外层或中外层或全部总苞片边缘有刺，叶两面同色，高大草本；头状花序大；总苞径 4 厘米，被稀疏的蛛丝毛。**用途与价值：**凉血止血、祛瘀消肿。**生境：**海拔 700～3400 米的山谷、山坡草地、林缘、河滩及石滩地，或岩石隙缝中，或溪旁、河旁，或路边潮湿地及田间。**山西省分布：**浑源县、五台县、沁源县、夏县等地。**云丘山分布：**康家坪停车场、葫芦潭和游仙湖附近。

387 烟管蓟（*Cirsium pendulum*） 菊科 Compositae 蓟属 *Cirsium*

形态特征：多年生草本。茎直立，粗壮，叶全形长椭圆形、偏斜椭圆形、长倒披针形或椭圆形，绿色或下面稍淡，无毛；头状花序下垂，小花紫色或红色，瘦果偏斜楔状倒披针形，顶端斜截形，稍压扁；花期、果期6～9月。识别要点：总苞片钻状，平展，反折或直立，叶羽状分裂，基部无柄，扩大抱茎、叶两面异色；小花管部为细丝状，2～3倍长于檐部。用途与价值：凉血止血、散瘀解毒消痈。生境：海拔300～2240米的山谷、山坡草地、林缘、林下、岩石缝隙、溪旁及村旁。山西省分布：天镇县、五台县、方山县关帝山、沁源县灵空山、永济市水峪口及兴县、霍县等地。云丘山分布：三官洞、心形池和玉皇顶附近。

388 绿蓟（*Cirsium chinense*） 菊科 Compositae 蓟属 *Cirsium*

形态特征：多年生，茎直立，中部茎叶长椭圆形或长披针形或宽线形，羽状浅裂、半裂或深裂，头状花序，小花紫红色，瘦果楔状倒卵形，压扁，顶端截形，花期、果期6～10月。识别要点：头状花序单生枝端呈不明显的伞房花序，或头状花序单生茎顶，或植株含少数头状花序不呈明显的花序式排列。用途与价值：用于皮肤发痒、水火烫伤。生境：海拔100～1600米的山坡草丛中。山西省分布：交口县、乡宁县云丘山。云丘山分布：神仙峪和黄金峪周边。

389 刺儿菜（*Cirsium segetum*） 菊科 Compositae　蓟属 *Cirsium*

形态特征：多年生草本。根状茎，叶倒披针形，全缘或具缺刻状齿，头状花序生，花全为管状，紫色，瘦果倒卵形，花期、果期 4～7 月。**识别要点：**雌雄异株，雌蕊发育，雄蕊发育不完全或退化，两性植株全部小花为两性，有发育的雌蕊和雄蕊，但自花不育；叶不分裂，叶两面同色，基部渐狭。**用途与价值：**用于凉血止血，祛瘀消肿。**生境：**海拔 170～1800 米的田间、路旁和草丛中。**山西省分布：**全省各地。**云丘山分布：**东红花坪、红花坪、云圣快捷酒店和芦院沟附近。

390 大刺儿菜（*Cirsium setosum*） 菊科 Compositae　蓟属 *Cirsium*

形态特征：多年生草本。茎直立；叶椭圆形、长椭圆形或椭圆状倒披，叶缘有刺齿，无毛，头状花序单生茎端，小花紫红色或白色，瘦果淡黄色，椭圆形或偏斜椭圆形，压扁，花期、果期 5～9 月。**识别要点：**花柱先端有稍膨大而被毛的节，节以上分枝或不分枝；头状花序有同形管状花，有时有不结果实的辐射状花。**用途与价值：**能凉血止血、治疗疮痈肿毒。**生境：**海拔 170～2650 米的山坡、河旁或荒地、田间。**山西省分布：**全省各地。**云丘山分布：**善人沟和黄金峪附近。

PLANTS OF YUNQIU MOUNTAIN

391 丝毛飞廉（*Carduus crispus*） 菊科 Compositae 飞廉属 *Carduus*

形态特征：草本。茎直立，有条棱，下部茎叶全形椭圆形、长椭圆形或倒披针形，最上部茎叶线状倒披针形或宽线形，叶下灰绿色或浅灰白色，头状花序，小花红色或紫色，瘦果稍压扁，楔状椭圆形，有果缘，花期、果期 4～10 月。识别要点：叶两面异色或近异色，上面绿色，沿脉有稀疏多细胞长节毛，下面灰绿色或灰白色，被薄蛛丝状绵毛。用途与价值：全草入药，有散瘀止血、清热利湿的功效，也是优良的蜜源植物。生境：海拔 400～3600 米的山坡草地、田间、荒地河旁及林下。山西省分布：朔州市、灵丘县、浑源县、方山县关帝山、宁武县芦芽山等。云丘山分布：坂尔上村、丁石村、善人沟和黄金峪附近。

392 节毛飞廉（*Carduus acanthoides*） 菊科 Compositae 飞廉属 *Carduus*

形态特征：二年生或多年生植物。茎单生，有条棱，茎叶长椭圆形或长倒披针形，羽状浅裂、半裂或深裂，头状花序几无花序梗，小花红紫色，瘦果长椭圆形，浅褐色，花期、果期 5～10 月。识别要点：叶两面同色，绿色，两面沿脉有多细胞长节毛。用途与价值：为蜜源植物。生境：海拔 260～3500 米的山坡、草地、林缘、灌丛中，或山谷、山沟、水边或田间。山西省分布：霍州市、介休市、五台县、宁武县、沁源县等地。云丘山分布：康家坪古村、善人沟、琪尔康度假村和黄金峪附近。

393 漏芦（*Stemmacantha uniflora*）　菊科 Compositae　漏芦属 *Stemmacantha*

形态特征：多年生草本。茎直立，不分枝，灰白色，被棉毛，叶全形椭圆形、长椭圆形、倒披针形，羽状深裂或几全裂，灰白色，头状花序单生茎顶，花冠紫红色，瘦果3～4棱，楔状，顶端有果缘，花期、果期4～9月。**识别要点：**冠毛刚毛糙毛状。**用途与价值：**根及根状茎入药，可清热、解毒、排脓、消肿、通乳。**生境：**海拔390～2700米的山坡丘陵地、松林下或桦木林下。**山西省分布：**永济市太峪口村、浑源县恒山、灵丘县狼牙沟、宁武县、芮城县等地。**云丘山分布：**二号缆车、玉皇顶、土地庙附近。

394 泥胡菜（*Hemistepta lyrata*）　菊科 Compositae　泥胡菜属 *Hemistepta*

形态特征：一年生草本。茎单生，常纤细，叶长椭圆形或倒披针形，大头羽状深裂或几全裂，上面绿色、下面灰白色，头状花序在茎枝顶端排成疏松伞房花序，小花紫色或红色，瘦果小，楔状或偏斜楔形，深褐色，压扁，花期、果期3～8月。**识别要点：**瘦果无毛，顶端多少有齿状果缘。**用途与价值：**可作饲料，作中药可清热解毒，散结消肿。**生境：**海拔50～3280米的山坡、山谷、平原、丘陵、林缘、林下、草地、荒地、田间、河边、路旁等处。**山西省分布：**晋城市、永济市、沁源县灵空山。**云丘山分布：**大河村、五龙宫、兰家院和东红花坪附近。

395 风毛菊（*Saussurea japonica*） 菊科 Compositae 风毛菊属 *Saussurea*

形态特征：二年生草本。茎直立，被稀疏的短柔毛及金黄色的小腺点，叶片全形椭圆形、长椭圆形或披针形，羽状深裂，头状花序多数，小花紫色，瘦果深褐色，圆柱形，花期、果期6～11月。**识别要点：**头状花序较小，总苞圆柱状或狭钟形，直径5～8毫米。**用途与价值：**做中药可治疗牙龈炎，祛风活血，散瘀止痛，风湿痹痛等。**生境：**海拔200～2800米的山坡、山谷、林下、山坡路旁、山坡灌丛、荒坡、水旁、田中。**山西省分布：**天镇县、浑源县、左云县、平鲁县、蒲县、恒曲县、沁水县等地。**云丘山分布：**善人沟、琪尔康度假村、神仙峪、神泉和五龙宫附近。

396 蒙古风毛菊（*Saussurea mongolica*） 菊科 Compositae 风毛菊属 *Saussurea*

形态特征：多年生草本。茎直立，有棱，无毛或被稀疏的糙毛，叶片全形卵状三角形或卵形，头状花序多数，小花紫红色，瘦果圆柱状，褐色，花期、果期7～10月。**识别要点：**叶卵状三角形或卵形，下半部羽状深裂，上半部边缘有粗锯齿，两面有短糙伏毛；总苞卵状筒形，总苞片顶端长渐尖，常反折。**用途与价值：**用于风湿关节痛，腰腿痛，跌打损伤。**生境：**海拔500～2900米的山坡、林下、灌丛中、路旁及草坡。**山西省分布：**介休市绵山、五台县台怀镇、宁武县芦芽山、垣曲县历山镇及娄烦县、交城县等。**云丘山分布：**玉皇顶、二号缆车和土地庙附近。

397 小红菊（*Dendranthema chanetii*） 菊科 Compositae　菊属 *Dendranthema*

形态特征：多年生草本。茎直立或基部弯曲，有伞房状花序分枝，中部茎叶肾形、半圆形、近圆形或宽卵形，上部茎叶椭圆形或长椭圆形，中、下部茎叶基部稍心形或截形，舌状花白色、粉红色或紫色，瘦果顶端斜截，下部收窄，花期、果期 7～10 月。**识别要点：**叶 3～5 掌状或掌式羽状浅裂或半裂，叶裂片顶端尖。**用途与价值：**园林花卉。**生境：**草原、山坡林缘、灌丛及河滩与沟边。**山西省分布：**古交市、浑源县、山阴县、左云县、繁峙县、乡宁县、中阳县、清徐县等地。**云丘山分布：**塔尔坡停车场、康家坪古村和善人沟附近。

398 翠菊（*Callistephus chinensis*） 菊科 Compositae　翠菊属 *Callistephus*

形态特征：草本。茎直立，有纵棱，中部茎叶卵形、菱状卵形或匙形或近圆形，上部茎叶菱状披针形，长椭圆形或倒披针形，头状花序，雌花红色、淡红色、蓝色、黄色或淡蓝紫色，舌状，瘦果长椭圆状倒披针形，稍扁，花期、果期 5～10 月。**识别要点：**头状花序全部为同形的管状花，或有异形的小花，中央花非舌状；植物无乳汁。**用途与价值：**观赏植物。**生境：**海拔 30～2700 米的山坡撂荒地、山坡草丛、水边或疏林阴处。**山西省分布：**天镇县、浑源县、五台县、灵丘县、宁武县等地。**云丘山分布：**琪尔康度假村和康家坪停车场附近。

399 南牡蒿（*Artemisia eriopoda*） 菊科 Compositae 蒿属 *Artemisia*

形态特征：落叶灌木。叶长卵形、矩圆形、倒卵形、椭圆形至披针形，花2朵生于侧枝顶部叶腋，花冠白色，后变浅黄色，果实长1～1.5厘米，种子柱状，花期4月下旬至6月上旬，果熟期8～9月。**识别要点：**茎分枝多而长，叉开生长；基生叶宽卵形或倒卵形，一至二回大头羽状全裂。**用途与价值：**入药有祛风、祛湿、解毒之效。**生境：**海拔800～3700米的山坡灌丛、路边林下及草地。**山西省分布：**太原市、介休市、朔州市、浑源县、五台县、宁武县、中阳县、蒲县、乡宁县、沁源县等地。**云丘山分布：**善人沟、黄金峪和马壁峪周边。

400 阿尔泰狗娃花（*Heteropappus altaicus*）
菊科 Compositae 狗娃花属 *Heteropappus*

形态特征：多年生草本。茎直立；下部叶条形或矩圆状披针形，倒披针形，或近匙形；头状花序，舌状花约20个，浅蓝紫色，矩圆状条形；有疏毛瘦果扁，倒卵状矩圆形，灰绿色或浅褐色。花期、果期5～9月。**识别要点：**多年生草本；全部小花有同形的冠毛；头状花序较小，直径2～2.5厘米；植株被上弯的短糙毛。**用途与价值：**全草入药，有清热降火、止咳之效。**生境：**海拔0～400米的草原、荒漠地、沙地及干旱山地。**山西省分布：**广灵县、灵丘县、平鲁县、宁武县、交城县、乡宁县等地。**云丘山分布：**琪尔康度假村、善人沟、康家坪古村、兰家院和黄金峪附近。

401 狗娃花（*Heteropappus hispidus*） 菊科 Compositae　狗娃花属 *Heteropappus*

形态特征：一或二年生草本。基部及下部叶倒卵形，中部叶矩圆状披针形或条形，常全缘。头状花序，舌状花，舌片浅红色或白色，条状矩圆形；瘦果倒卵形，扁。花期7～9月，果期8～9月。**识别要点：**舌状花瘦果能育，冠毛短，膜片状；叶狭长圆形。**用途与价值：**根可入药，具解毒消肿之效。**生境：**海拔2400米以下的荒地、路旁、林缘及草地。**山西省分布：**平鲁县、灵丘县、五台县、交城县、娄烦县、垣曲县等地。**云丘山分布：**云圣快捷酒店、善人沟、五龙宫和八宝宫附近。

402 山马兰（*Kalimeris lautureana*） 菊科 Compositae　马兰属 *Kalimeris*

形态特征：多年生草本。茎直立，具沟纹，叶厚或近革质，中部叶披针形或矩圆状披针形，头状花序单生于分枝顶端且排成伞房状，舌状花淡蓝色，瘦果倒卵形，扁平，淡褐色。**识别要点：**叶全缘或者疏齿至羽状浅裂，质地较厚，近革质。**用途与价值：**药用可止血。**生境：**山坡、草原、灌丛中。**山西省分布：**晋城市、晋中市、芮城县后坪村。**云丘山分布：**云圣快捷酒店、善人沟和康家坪停车场附近。

403 多裂福王草（*Prenanthes macrophylla*） 菊科 Compositae 福王草属 *Prenanthes*

形态特征：多年生草本。茎直立，单生，中下部茎叶掌式羽状深裂，全形圆形、几圆或长圆形，花序分枝上的叶，长椭圆形、披针形或线形，头状花序多数，舌状小花 5 枚，淡红紫色，瘦果圆柱状，棕色，花期、果期 7～10 月。识别要点：叶掌状分裂，顶裂片大，卵状披针形或三角形，侧裂片 2～3 对；舌状花淡紫色。用途与价值：抗癌、抗肿瘤。生境：海拔 1100～2300 米的山坡、山谷林下、草丛中或潮湿地。山西省分布：昔阳县、垣曲县。云丘山分布：黄金峪、一线天和玉皇顶附近。

404 福王草（*Prenanthes tatarinowii*） 菊科 Compositae 福王草属 *Prenanthes*

形态特征：多年生草本。茎直立，中下部茎叶心形或卵状心形，上部茎叶宽三角状卵形、线状披针形、近菱形、宽卵形、卵形，头状花序含 5 枚舌状小花，小花紫色、粉红色，极少白色或黄色，瘦果线形或长椭圆状，紫褐色，花期、果期 8～10 月。识别要点：叶卵形或心形，不分裂，顶端急尖或具小尖头，叶柄中部有一对耳状小裂。用途与价值：入药可抗肿瘤、抗病毒、抗溃疡、改善睡眠等。生境：海拔 510～2980 米的山谷、山坡林缘、林下、草地或水旁潮湿地。山西省分布：永济市雪花山、五台县、沁源县灵空山、垣曲县历山等地。云丘山分布：圣母崖、崖壁栈道和葫芦潭附近。

405 两似蟹甲草（*Parasenecio ambiguus*） 菊科 Compositae 蟹甲草属 *Parasenecio*

形态特征： 多年生草本。茎具纵条棱，叶片多角形或肾状三角形，掌状浅裂，叶狭卵形，苞片状，头状花序小，花冠白色，瘦果圆柱形，淡褐色，花期7～8月，果期9～10月。**识别要点：** 头状花序小，极多数，在茎端或上部叶腋排成宽圆锥花序；总苞片3；小花2～3个；叶多角形，掌状浅裂。**用途与价值：** 治疗支气管炎、关节炎和咳血。**生境：** 海拔1200～2400米的山坡林下、林缘或灌丛、草坡阴湿处。**山西省分布：** 永济市、霍州市、阳曲县、陵川县、芮城县等地。**云丘山分布：** 神仙峪、黄金峪和圣母崖附近。

406 林泽兰（*Eupatorium lindleyanum*） 菊科 Compositae 泽兰属 *Eupatorium*

形态特征： 多年生草本。茎直立，下部及中部红色或淡紫红色，中部茎叶长椭圆状披针形或线状披针形，头状花序在茎顶或枝端排成紧密的伞房花序，花白色、粉红色或淡紫红色，瘦果黑褐色，椭圆状，花期、果期5～12月。**识别要点：** 总苞片顶端急尖；叶线状披针形，不分裂或3裂，基生三出脉。**用途与价值：** 全草入药，有解毒祛湿、化湿和中之效。**生境：** 海拔200～2600米的山谷阴处水湿地、林下湿地或草原上。**山西省分布：** 晋城市、介休市、娄烦县、夏县等地。**云丘山分布：** 求子灵池、塔尔坡停车场和神仙峪附近。

407 兔儿伞（*Syneilesis aconitifolia*） 菊科 Compositae 兔儿伞属 *Syneilesis*

形态特征：多年生草本。茎直立，紫褐色，无毛，具纵肋，叶通常 2，疏生，叶片盾状圆形，掌状深裂，头状花序多数，花冠淡粉白色，瘦果圆柱形，具肋，花期 6～7 月，果期 8～10 月。**识别要点：**头状花序排列成伞房状；叶的裂片狭，通常宽 4～8 毫米。**用途与价值：**根入药，有祛风除湿，解毒、活血、消肿止痛功效。**生境：**海拔 500～1800 米的山坡荒地林缘或路旁。**山西省分布：**娄烦县云顶山、稷山县、夏县泗交镇、垣曲县杨家河村及五台县等地。**云丘山分布：**玉皇顶、二号缆车和土地庙附近。

408 山丹（*Lilium pumilum*） 百合科 Liliaceae 百合属 *Lilium*

形态特征：鳞茎卵形或圆锥形。茎有小乳头状突起，有的带紫色条纹，叶条形，边缘有乳头状突起，总状花序，鲜红色，下垂，花被片反卷，蒴果矩圆形，花期 7～8 月，果期 9～10 月。**识别要点：**叶条形，花紫红色或鲜红色，通常无斑点。**用途与价值：**观赏植物；鳞茎供食用也可入药，有滋补强壮、止咳祛痰、利尿等功效；含挥发油，可提供香料。**生境：**海拔 400～2600 米的山坡草地或林缘。**山西省分布：**平鲁县、浑源县、繁峙县、偏关县、临县、蒲县、稷山县、乡宁县等地。**云丘山分布：**游仙湖和圣母崖周边。

409 四叶葎（*Galium bungei*） 茜草科 Rubiaceae　拉拉藤属 *Galium*

形态特征：多年生丛生直立草本。茎有 4 棱；叶纸质，卵状长圆形、卵状披针形、披针状长圆形或线状披针形，聚伞花序，花小，花冠黄绿色或白色，辐状，果爿近球状，花期 4～9 月，果期 5 月至翌年 1 月。**识别要点：**叶 4 片轮生，近等大，具 1 脉。**用途与价值：**全草入药，具清热解毒、利尿、消肿之效。**生境：**海拔 50～2520 米的山地、丘陵、旷野、田间、沟边的林中、灌丛或草地。**山西省分布：**五台县台怀镇、沁水县十里乡。**云丘山分布：**神仙峪、神泉和黄金峪附近。

410 显脉拉拉藤（*Galium kinuta*） 茜草科 Rubiaceae　拉拉藤属 *Galium*

形态特征：多年生草本。茎直立，有四角棱，叶较薄，纸质或薄纸质，披针形或卵状披针形至卵形，圆锥花序式的聚伞花序，花冠白色或紫红色，卵形，果爿近球形，花期 6～7 月，果期 8～9 月。**识别要点：**叶具 3 脉，叶脉两面均明显；花柱在中部分离；果实无毛。**生境：**海拔 550～2100 米的山坡林下、水旁岩石、空旷草地。**山西省分布：**五台山、云丘山等。**云丘山分布：**玉皇顶、二号缆车、土地庙和黄金峪附近。

411 林猪殃殃（*Galium paradoxum*）茜草科 Rubiaceae 拉拉藤属 *Galium*

形态特征：一年生草本。茎直立，柔弱，具四角棱，叶片薄，纸质或膜质，长圆状倒卵形、倒披针形、卵形或椭圆形，聚伞花序，花小，花冠白色或黄绿色，果爿近球形，花期 4～8 月，果期 5～9 月。**识别要点：**叶 4 片轮生，其中一对较小，叶卵形或宽卵形，两面疏被白色短刚毛。**用途与价值：**全草入药，可清热解毒、利尿、止血、消食。**生境：**海拔 920～3800 米的山坡、沟边、河滩、草地的草丛或灌丛中及林下。**山西省分布：**垣曲县皇姑曼、杨家河。**云丘山分布：**玉皇顶周边。

412 商陆（*Phytolacca acinosa*） 商陆科 Phytolaccaceae 商陆属 *Phytolacca*

形态特征：多年生草本。茎直立，圆柱形，有纵沟，绿色或红紫色，叶片薄纸质，椭圆形、长椭圆形或披针状椭圆形，总状花序，花被片 5，白色、黄绿色，椭圆形、卵形或长圆形，浆果扁球形，种子肾形，黑色，具 3 棱，花期 5～8 月，果期 6～10 月。**识别要点：** 心皮分离；雄蕊 8～10；花被片通常白绿色，花后反折。**用途与价值：**根可入药，利尿解毒；全草可作农药，防治蚜虫、红蜘蛛；根可作兽药；粉可抑制棉花角斑病及稻热病；果实可提取栲胶；嫩茎可食用。**生境：**海拔 500～3400 米的沟谷、山坡林下、林缘路旁。也栽植于房前屋后及园地中，多生于湿润肥沃地，喜生垃圾堆上。**山西省分布：**太原市、芮城县、恒曲县、阳城县、陵川县。**云丘山分布：**圣母崖、崖壁栈道和一线天附近。

413 垂序商陆（*Phytolacca americana*） 商陆科 Phytolaccaceae 商陆属 *Phytolacca*

形态特征：多年生草本。茎直立，圆柱形，有时带紫红色，叶片椭圆状卵形或卵状披针形，总状花序，花白绿色，微带红晕，浆果扁球形，熟时紫黑色，种子肾圆形，花期 6～8 月，果期 8～10 月。**识别要点：**花序较纤细，花较少而稀；果序下垂；种子较小，表面平滑；心皮合生，雄蕊和心皮通常均为 10。**用途与价值：**庭园多见栽培，观赏用，根入药，能止咳、利尿、消肿。**生境：**疏林下、路旁和荒地。**山西省分布：**全省各地。**云丘山分布：**坂尔上村、芦院沟和康家坪古村附近。

414 曲枝天门冬（*Asparagus trichophyllus*） 百合科 Liliaceae 天门冬属 *Asparagus*

形态特征：草本。茎平滑，叶 5～8 枚成簇，刚毛状，花绿黄色而稍带紫色，浆果熟时红色，花期 5 月，果期 7 月。**识别要点：**分枝先强烈的下弯而后上升，花梗长 12～16 毫米。**用途与价值：**块根入药，具祛风除湿之效。**生境：**海拔 2100 米以下的山地、路旁、田边或荒地上。**山西省分布：**朔州市、天镇县、浑源县恒山、左云县、怀仁县、乡宁县、沁源县等地。**云丘山分布：**黄金峪和玉皇顶附近。

415 长花天门冬（*Asparagus longiflorus*） 百合科 Liliaceae 天门冬属 *Asparagus*

形态特征：草本，近直立。茎中部以下平滑，上部多少具纵凸纹并稍有软骨质齿，叶状枝近扁的圆柱形，略有棱，花淡紫色，浆果熟时红色，通常有4颗种子。**识别要点：**花梗通常长6～12毫米，极少达15毫米。**用途与价值：**治疗咳嗽吐血、肺痈、消渴、便秘。**生境：**海拔2300米以下的山坡、林下或灌丛中。**山西省分布：**永济市太峪口村、宁武县东寨镇、沁源县。**云丘山分布：**玉皇顶周边。

416 艾麻（*Laportea cuspidata*） 荨麻科 Urticaceae 艾麻属 *Laportea*

形态特征：多年生草本。茎上部呈"之"字形，具5条纵棱，有时带紫红色，叶近膜质至纸质，卵形、椭圆形或近圆形，花序长穗状，瘦果卵形，歪斜，双凸透镜状，绿褐色，光滑，花期6～7月，果期8～9月。**识别要点：**雄花被片5，雌花序不分枝，排成穗状；叶先端常浅裂，中央长尾状，边缘有粗齿。**用途与价值：**茎可供制麻布和绳索。**生境：**海拔800～2700米的山坡林下或沟边。**山西省分布：**介休市绵山、垣曲县、绛县、灵石县马和乡。**云丘山分布：**玉莲洞、圣母崖和崖壁栈道附近。

417 藜（*Chenopodium album*） 藜科 Chenopodiaceae 藜属 *Chenopodium*

形态特征：一年生草本。茎直立，具条棱及绿色或紫红色色条，叶片菱状卵形至宽披针形，穗状圆锥状或圆锥状花序，种子横生，双凸镜状，黑色，有光泽，花期、果期5～10月。**识别要点：**叶两侧边缘明显不平行，先端急尖或渐尖。**用途与价值：**茎叶入药，可洗虫疮、漱齿、去癜风等。**生境：**路旁、荒地及田间。**山西省分布：**全省各地。**云丘山分布：**黄金峪、善人沟和一号冰洞附近。

418 杂配藜（*Chenopodium hybridum*） 藜科 Chenopodiaceae 藜属 *Chenopodium*

形态特征：一年生草本。茎直立，有疏分枝，叶片宽卵形至卵状三角形，亮绿色，上部叶较小呈三角状戟形，花数个团集成开散的圆锥状花序，胞果双凸镜状，种子横生，花期、果期7～9月。**识别要点：**叶呈掌状浅裂，基部圆形或微心形；种子直径通常2～3毫米。**用途与价值：**全草可入药，能调经止血。**生境：**林缘、山坡灌丛间、沟沿等处。**山西省分布：**天镇县、五台县五台山、乡宁县关王庙乡等地。**云丘山分布：**云圣快捷酒店、八宝宫附近。

419 灰绿藜（*Chenopodium glaucum*） 藜科 Chenopodiaceae 藜属 *Chenopodium*

形态特征：一年生草本，茎平卧或外倾，叶片矩圆状卵形至披针形，数花聚成团伞花序，分枝上排列成穗状或圆锥状花序，胞果顶端露出于花被外，种子扁球形，花期、果期5～10月。识别要点：花被裂片3～4，茎通由基部分枝，平卧或斜上。用途与价值：幼嫩植株可作猪饲料。生境：生于农田、菜园、村房、水边等有轻度盐碱的土壤上。山西省分布：太原市、河津市等地。云丘山分布：神仙峪和安汾村附近。

420 刺藜（*Chenopodium aristatum*） 藜科 Chenopodiaceae 藜属 *Chenopodium*

形态特征：一年生草本，茎直立，有多数分枝，叶条形至狭披针形，复二歧式聚伞花序生于枝端及叶腋，胞果顶基扁（底面稍凸），种子横生，花期8～9月，果期10月。识别要点：植物体不具腺体，无气味；花序分枝末端有针刺状的不育枝；叶条形至狭披针形，全缘。用途与价值：全草可入药，有祛风止痒功效。生境：多生于高粱、玉米、谷子田间，有时也见于山坡、荒地等处，为农田杂草。山西省分布：朔州市、天镇县、怀仁县、五台县、娄烦县等地。云丘山分布：琪尔康度假村、东红花坪和红花坪附近。

421 绳虫实（*Corispermum declinatum*） 藜科 Chenopodiaceae　虫实属 *Corispermum*

形态特征：茎直立，分枝较多，叶条形，穗状花序顶生和侧生，果实无毛，倒卵状矩圆形，果核狭倒卵形，平滑或具瘤状突起，花期、果期6～9月。**识别要点：**胞果腹面平或微凹，背面凸，喙长为果实长的1/5～1/8；种子与果皮贴生；叶及苞片先端锐尖但不成刺状。**用途与价值：**青鲜时可以放牧，种子可作幼畜、病弱畜的补料饲用。**生境：**沙质荒地、田边、路旁和河滩中。**山西省分布：**产于浑源县、天镇县、平鲁县、娄烦县等地。**云丘山分布：**琪尔康度假村和坂尔上村附近。

422 轴藜（*Axyris amaranthoides*） 藜科 Chenopodiaceae　轴藜属 *Axyris*

形态特征：茎直立，分枝多集中于茎中部以上，叶具短柄，基生叶大，披针形，枝生叶和苞叶较小，狭披针形或狭倒卵形，雄花序穗状，雌花花被片3，果实长椭圆状倒卵形，花期、果期8～9月。**识别要点：**叶片较大，长3～7厘米，披针形，背部星状毛较密；果实长圆状倒卵形，不具同形圆状皱纹，顶端附属物较大，1个，冠状，其中央微凹。**用途与价值：**能止泻痢，止痒。**生境：**喜生于沙质地，常见于山坡、草地、荒地、河边、田间或路旁。**山西省分布：** 太原市、吕梁市、五台县、浑源县、娄烦县等地。**云丘山分布：**安汾村和黄金峪附近。

423 猪毛菜（*Salsola collina*） 藜科 Chenopodiaceae 猪毛菜属 *Salsola*

形态特征：一年生草本，茎自基部分枝，枝互生，叶片丝状圆柱形，伸展或微弯曲，花序穗状，生枝条上部，种子横生或斜生，花期 7～9 月，果期 9～10 月。**识别要点：**植株有乳头状小突起，叶片丝状圆柱形；苞片及小苞片紧贴花序轴。**用途与价值：**全草入药，有降低血压作用，嫩茎、叶可供食用。**生境：**村边、路边及荒芜场所。**山西省分布：**太原市、河津市、运城市、天镇县、浑源县、平鲁县、宁武县、太谷县等地。**云丘山分布：**琪尔康度假村、停车场和坂尔上村附近。

424 地肤（*Kochia scoparia*） 藜科 Chenopodiaceae 地肤属 *Kochia*

形态特征：一年生草本，根略呈纺锤形，茎直立，分枝稀疏，斜上，叶为平面叶，披针形或条状披针形，茎上部叶较小，无柄，花两性或雌性，成疏穗状圆锥状花序，胞果扁球形，种子卵形，花期 6～9 月，果期 7～10 月。**识别要点：**花腋生，叶腋无毛丛或稀生长毛。**用途与价值：**幼苗可作蔬菜，果实为常用中药，能清湿热、利尿，治尿痛、尿急、小便不利及荨麻疹，外用治皮肤癣及阴囊湿疹。**生境：**田边、路旁、荒地等处。**山西省分布：**朔州市、太原市、高平市、运城市、天镇县、太谷县盐湖等地。**云丘山分布：**红花坪、东红花坪、云圣快捷酒店、芦院沟和坂尔上村附近。

425 齿果酸模（*Rumex dentatus*）　蓼科 Polygonaceae　酸模属 *Rumex*

形态特征：一年生草本，茎直立，自基部分枝，枝斜上，茎下部叶长圆形或长椭圆形，花序顶生和腋生，呈圆锥状花序，外花被片椭圆形，内花被片果时增大，三角状卵形，瘦果卵形，花期5～6月，果期6～7月。**识别要点：**内花被边缘有针状刺或钻状齿刺。**用途与价值：**根叶可入药，有去毒、清热、杀虫、治藓的功效。**生境：**海拔30～2500米的沟边湿地、山坡路旁。**山西省分布：**永济市。**云丘山分布：**塔尔坡古村、康家坪古村和坂尔上村附近。

426 巴天酸模（*Rumex patientia*）　蓼科 Polygonaceae　酸模属 *Rumex*

形态特征：多年生草本，根肥厚，茎直立，上部分枝，具深沟槽，基生叶长圆形或长圆状披针形，茎上部叶披针形，托叶鞘筒状，花序圆锥状，花梗细弱，瘦果卵形，花期5～6月，果期6～7月。**识别要点：**基生叶和茎下部叶的基部圆形或微心形，稀为楔形，内花被片宽圆形，最宽在中部左右，常仅一片有瘤状体，有时其他2片也有大小不等的瘤状体。**用途与价值：**根凉血止血，清热解毒，通便杀虫，用于痢疾，肝炎。**生境：**海拔20～4000米的生沟边湿地、水边。**山西省分布：**天镇县、灵丘县、娄烦县、沁县、乡宁县、夏县等地。**云丘山分布：**云圣快捷酒店、塔尔坡停车场、八宝宫、芦院沟和坂尔上村附近。

427 皱叶酸模（*Rumex crispus*） 蓼科 Polygonaceae 酸模属 *Rumex*

形态特征：多年生草本，根粗壮，茎直立，不分枝或上部分枝，基生叶披针形或狭披针形，茎生叶较小狭披针形，花序狭圆锥状，花序分枝近直立或上升，瘦果卵形，花期5～6月，果期6～7月。**识别要点：**基生叶和茎下部叶的基部楔形，叶片边缘有皱，披针形或长圆状披针形，内花被片卵圆形，最宽处在中部以下，每片都有瘤状突起。**用途与价值：**根清热解毒，凉血止血，通便杀虫。**生境：**海拔30～2500米的河滩、沟边湿地。**山西省分布：**浑源县、临县、关帝山等地。**云丘山分布：**塔尔坡停车场、神仙峪、塔尔坡古村和东交口村附近。

428 绿穗苋（*Amaranthus hybridus*） 苋科 Amaranthaceae 苋属 *Amaranthus*

形态特征：一年生草本，茎直立，分枝，上部近弯曲，叶片卵形或菱状卵形，圆锥花序顶生，有分枝，由穗状花序而成，胞果卵形，种子近球形，花期7～8月，果期9～10月。**识别要点：**花丝离生，子房内含一个胚珠。**用途与价值：**嫩茎叶可食用，性寒。**生境：**海拔400～1100米的田野、旷地或山坡。**山西省分布：**沁源灵空山、蒲县五鹿山和乡宁县云丘山等地。**云丘山分布：**塔尔坡古村、塔尔坡停车场、康家坪古村、前庄和后庄周边。

429 腋花苋（*Amaranthus roxburghianus*） 苋科 Amaranthaceae 苋属 *Amaranthus*

形态特征：一年生草本，茎直立，多分枝，叶片菱状卵形、倒卵形或矩圆形，花成腋生短花簇，花数少且疏生，花被片披针形，胞果卵形，种子近球形，花期7～8月，果期8～9月。**识别要点：**叶片较小、花穗较细；有少数花呈绿色；苞片和花被片等长或等短；叶片菱状卵形。**用途与价值：**具有收敛消肿、解毒治痢、抗炎止血等功效。**生境：**旷地或田地旁。**山西省分布：**太原市、晋城市、五台县、垣曲县。**云丘山分布：**塔尔坡停车场附近。

430 平车前（*Plantago depressa*） 车前科 Plantaginaceae 车前属 *Plantago*

形态特征：一年生或二年生草本，直根长，叶基生呈莲座状，平卧、斜展或直立，叶片椭圆形、椭圆状披针形或卵状披针形，穗状花序细圆柱状，蒴果卵状椭圆形至圆锥状卵形，种子椭圆形，花期5～7月，果期7～9月。**识别要点：**具直根；叶椭圆形、椭圆状披针形或卵状披针形。**用途与价值：**幼苗可食，全株可入药，具有利尿、清热、明目、祛痰的功效。**生境：**海拔5～4500米的草地、河滩、沟边、草甸、田间及路旁。**山西省分布：**全省各地。**云丘山分布：**康家坪停车场、东红花坪、塔尔坡停车场和东交口村附近。

431 车前（*Plantago asiatica*） 车前科 Plantaginaceae 车前属 *Plantago*

形态特征：二年生或多年生草本，须根多数。根茎短，稍粗。叶基生呈莲座状，叶宽卵形至宽椭圆形，脉 5～7 条；叶柄长 2～15（～27）厘米，基部扩大成鞘。花序 3～10 个，直立或弓曲上升；穗状花序细圆柱状，长 3～40 厘米。花冠白色，花期 4～8 月，果期 6～9 月。**识别要点：**具须根，叶卵形、宽卵形或长椭圆形，蒴果椭圆形或卵形；种子 5～6 粒，稀 7～8 粒。**用途与价值：**全草可药用，具有利尿、清热、明目、祛痰等功效。**生境：**普遍可见，路旁、沟渠两岸、田野及草地。**山西省分布：**太原市、关帝山、太岳山。**云丘山分布：**停车场、红花坪、坂尔上村、黄金峪和安汾村附近。

432 大车前（*Plantago major*） 车前科 Plantaginaceae 车前属 *Plantago*

形态特征：多年生草本，根茎粗短，叶基生呈莲座状，平卧、斜展或直立，叶片宽卵形至宽椭圆形，穗状花序细圆柱状，花冠白色，蒴果球形、卵球形或宽椭圆球形，种子卵形、椭圆形或菱形，花期 6～8 月，果期 7～9 月。**识别要点：**蒴果圆锥形；种子 8～16 粒。**用途与价值：**幼苗和嫩茎可供食用，全株、种子可入药具有清热利尿，祛痰，凉血，解毒功能。**生境：**海拔 5～2800 米的草地、草甸、河滩、沟边、沼泽地、山坡路旁、田边或荒地。**山西省分布：**临汾市、运城市、关帝山、绵山。**云丘山分布：**圣母崖、崖壁栈道和神仙峪附近。

433 一把伞南星（*Arisaema erubescens*）　天南星科 Araceae　天南星属 *Arisaema*

形态特征：块茎扁球形，鳞叶 1，叶片放射状分裂，披针形、长圆形至椭圆形，管部圆筒形，肉穗花序，果序柄下弯或直立，浆果，花期 5～7 月，果 9 月成熟。**识别要点：**叶裂片多数，在叶柄顶端呈辐射状排列，裂片披针状条形，顶端渐尖成细丝状。**用途与价值：**块茎入药，能解毒消肿、祛风定惊、化痰散结。**生境：**海拔 3200 米以下的林下、灌丛、草坡、荒地。**山西省分布：**五台县、沁源县、陵川县等地。**云丘山分布：**神仙峪、神泉、水库和黄金峪周边。

434 北重楼（*Paris verticillata*）　百合科 Liliaceae　重楼属 *Paris*

形态特征：根状茎细长，叶披针形、狭矩圆形、倒披针形或倒卵状披针形，外轮花倒卵状披针形、矩圆状披针形或倒披针形，基部圆形或宽楔形，蒴果浆果状，不开裂，花期 5～6 月，果期 7～9 月。**识别要点：**根状茎细长，直径 2.5 毫米，近等粗，节间很长；子房顶端一般不具盘状花柱基；浆果状蒴果不开裂；叶通常 6～8 枚；外轮花被片披针形至宽卵形。**用途与价值：**全草可入药，清热解毒，散瘀消肿。**生境：**海拔 1100～2300 米的山坡林下、草丛、阴湿地或沟边。**山西省分布：**介休市、吕梁市、永济市、浑源县、五台县、关帝山、灵空山等地。**云丘山分布：**三号缆车、心形池、三官洞和玉皇顶附近。

435 半夏（*Pinellia ternata*） 天南星科 Araceae 半夏属 *Pinellia*

形态特征：块茎圆球形，具须根。叶基部具鞘，幼苗叶片卵状心形至戟形，幼苗叶片卵状心形至戟形，老株叶片长圆状椭圆形或披针形，两头锐尖，肉穗花序，浆果卵圆形，花期5～7月，果8月成熟。**识别要点：**叶片3全裂，生于叶柄顶端。**用途与价值：**块茎入药，有毒，能燥湿化痰，降逆止呕，生用消疖肿。**生境：**草坡、荒地、玉米地、田边或疏林下，为旱地中的杂草之一。**山西省分布：**五台县东裕口乡、夏县。**云丘山分布：**神仙峪和黄金峪附近。

436 烟管头草（*Carpesium cernuum*） 菊科 Compositae 天名精属 *Carpesium*

形态特征：多年生草本，茎下部密被短柔毛，基部及叶腋尤密，常成棉毛状，多分枝，叶片长椭圆形或匙状长椭圆形，头状花序单生茎端及枝端，瘦果长4～4.5毫米。**识别要点：**头状花序盘状或半球形，直径超过10毫米，常生于第一次分枝顶端。**用途与价值：**全草可入药，清热解毒，消肿止痛。**生境：**路边荒地及山坡、沟边等处。**山西省分布：**五台县、中阳县、沁源县灵空山等地。**云丘山分布：**一线天、心形池、二号缆车和土地庙附近。

437 黄花蒿（*Artemisia annua*） 菊科 Compositae　蒿属 *Artemisia*

形态特征：一年生草本，植株有浓烈的挥发性香气，茎单生，有纵棱多分枝，茎下部叶宽卵形或三角状卵形，基部有半抱茎假托叶，头状花序球形，在分枝上成总状或复总状花序花冠管状，瘦果椭圆状卵形，花期、果期8～11月。**识别要点：**一二年生草本，茎通常单一；中部叶二至三回栉齿状羽状分裂；头状花序在茎上排或开展尖塔形圆锥花序。**用途与价值：**全草可入药，清热凉血，截疟，退虚热，解暑，含青蒿素。**生境：**适应性强，遍及全国。**山西省分布：**全省各地。**云丘山分布：**红花坪、求子灵池、八宝宫和坂尔上村附近。

438 白莲蒿（*Artemisia sacrorum*） 菊科 Compositae　蒿属 *Artemisia*

形态特征：半灌木状草本，根稍粗大，根状茎粗壮，茎多数，茎下部与中部叶长卵形、三角状卵形或长椭圆状卵形，头状花序近球形，在分枝上排成穗状花序式的总状花序，瘦果狭椭圆状卵形或狭圆锥形，花期、果期8～10月。**识别要点：**叶背面初时密被灰白色平贴的短柔毛，后渐脱落，无毛；茎中部叶每侧有裂片3～5枚。**用途与价值：**含挥发油，萘类、倍半萜内脂，可入药，有清热、解毒、祛风、利湿之效。**生境：**中、低海拔地区的山坡、路旁、灌丛地及森林草原地区。**山西省分布：**天镇县、五台县、夏县等地。**云丘山分布：**康家坪停车场、葫芦潭和游仙湖附近。

439 华北米蒿（*Artemisia giraldii*） 菊科 Compositae 蒿属 *Artemisia*

形态特征：半灌木状草本。主根木质化，根状茎稍粗短，茎常成小丛，分枝，茎下部叶卵形或长卵形，中部叶椭圆形，上部叶与苞片叶为线形或线状披针形，头状花序宽卵形、近球形或长圆形，瘦果倒卵形，花期、果期7～10月。**识别要点：**分枝长8～14厘米，斜向上展，中部叶指状3深裂，稀5深裂；头状花序无梗或具极短梗；无假托叶或假托叶极不明显。**用途与价值：**可入药，有清热、解毒、利肺作用。**生境：**海拔1000～1200（～2300）米的黄土高原、山坡、干河谷、丘陵、路旁、滩地、林缘、森林草原、灌丛与林中空地等。**山西省分布：**朔州市、天镇县、平鲁县、五台县、临县等地。**云丘山分布：**云圣快捷酒店、八宝宫、善人沟和坂尔上村附近。

440 野艾蒿（*Artemisia lavandulaefolia*） 菊科 Compositae 蒿属 *Artemisia*

形态特征：多年生草本，有时为半灌木状，植株有香气，茎少数，成小丛，具纵棱，基生叶与茎下部叶宽卵形或近圆形，中部叶卵形、长圆形或近圆形，头状花序椭圆形或长圆形，瘦果长卵形或倒卵形，花期、果期8～10月。**识别要点：**茎、枝被灰白色蛛丝状短柔毛，后无毛；中部叶一（至二）回羽状全裂，上面初时微被蛛丝状柔毛，后稀疏或无毛；总苞片背面密被蛛丝状柔毛。**用途与价值：**入药，有散寒、祛湿、温经、止血作用，可作菜蔬或饲料。**生境：**低或中海拔地区的路旁、林缘、山坡、草地、山谷、灌丛及河湖滨草地等。**山西省分布：**太原市天龙山、晋中市、娄烦县、稷山县等地。**云丘山分布：**神仙峪、东红花坪、红花坪和康家坪停车场附近。

441 牛尾蒿（*Artemisia dubia*）　菊科 Compositae　蒿属 *Artemisia*

形态特征：半灌木状草本，主根木质，稍粗长，垂直，侧根多，根状茎粗短，茎多数或少数，基生叶与茎下部叶大，卵形或长圆形，中部叶卵形，头状花序多数，宽卵球形或球形，瘦果小，长圆形或倒卵形，花期、果期 8～10 月。**识别要点：**中央花两性，但不孕育，开花时花柱不伸长，长仅及花冠中部或中上部，先端常呈棒状或漏斗状，2 裂，通常不叉开，稀稍叉开，退化子房细小或不存在。**用途与价值：**祛痰平喘，饲用植物，可烧柴。**生境：**海拔 3500 米以下的干山坡、草原、疏林下及林缘。**山西省分布：**全省各地。**云丘山分布：**琪尔康度假村、善人沟、葫芦潭、游仙湖和圣母崖附近。

442 大籽蒿（*Artemisia sieversiana*）　菊科 Compositae　蒿属 *Artemisia*

形态特征：一二年生草本。主根单一，狭纺锤形，茎单生，下部与中部叶宽卵形或宽卵圆形，上部叶及苞片叶羽状全裂或不分裂，椭圆状披针形或披针形，头状花序大，半球形或近球形，瘦果长圆形，花期、果期 6～10 月。**识别要点：**头状花序半球形或近球形，在茎上排成开展、中等开展或略狭窄总状花序式的圆锥花序；小裂片线形或线状披针形，有时小裂片还有数枚小缺齿。**用途与价值：**全草入药，可作牲畜饲料。**生境：**多生于路旁、荒地、河漫滩、草原、森林草原、干山坡或林缘等。**山西省分布：**离石市、晋城市、天镇县、浑源县、阳高县、灵丘县等地。**云丘山分布：**云圣快捷酒店、八宝宫和烈士纪念碑周边。

443 蒙古蒿（*Artemisia mongolica*） 菊科 Compositae 蒿属 *Artemisia*

形态特征：多年生草本，根状茎短，半木质化，茎少数或单生，分枝，下部叶卵形或宽卵形，中部叶卵形、近圆形或椭圆状卵形，上部叶与苞片叶卵形或长卵形，头状花序多数椭圆形，瘦果长圆状倒卵形。花期、果期 8～10 月。**识别要点：**茎中部叶二回，稀一至二回羽状全裂，中部叶每侧有裂片 2～3 枚；头状花序多数，在茎上组成狭窄或中等开展的圆锥花序。**用途与价值：**全草入药，可作牲畜饲料，亦可作纤维与造纸原料。**生境：**中或低海拔地区的山坡、灌丛、河湖岸边、路旁、森林、草原和干河谷等。**山西省分布：**宁武县、五台县等地。**云丘山分布：**善人沟、兰家院和云圣快捷酒店附近。

444 猪毛蒿（*Artemisia scoparia*） 菊科 Compositae 蒿属 *Artemisia*

形态特征：多年生草本，植株有浓烈的香气，根状茎粗短，茎单生，基生叶与营养枝叶叶近圆形、长卵形，茎下部叶长卵形或椭圆形，头状花序近球形，稀近卵球形，瘦果倒卵形或长圆形，花期、果期 7～10 月。**识别要点：**一二年生或为多年生草本，但主根单一，垂直，狭纺锤形；在茎上开展的圆锥花序。**用途与价值：**基生叶、幼苗及幼叶等入药，清热利湿，利胆退黄。**生境：**在半干旱或半温润地区的山坡、林缘、路旁、草原、黄土高原、荒漠边缘地区都有分布。**山西省分布：**忻州市、天镇县、平鲁县等地。**云丘山分布：**琪尔康度假村、善人沟、停车场和东红花坪附近。

445 茵陈蒿（*Artemisia capillaris*）　菊科 Compositae　蒿属 *Artemisia*

形态特征：半灌木状草本，植株有浓烈的香气，茎单生或少数，基部木质，基生叶常成莲座状，茎下部叶叶卵圆形或卵状椭圆形，中部叶宽卵形、近圆形或卵圆形，头状花序卵球形，瘦果长圆形或长卵形。花期、果期 7～10 月。**识别要点：**茎中部叶二回或一至二回或一回羽状全裂，每侧裂片 2～4 枚，小裂片狭细，稀近丝线形。**用途与价值：**抗霉菌，幼嫩枝、叶可作菜蔬，亦可作饲料。**生境：**低海拔地区河岸、海岸附近的湿润沙地、路旁及低山坡地区。**山西省分布：**全省各地。**云丘山分布：**琪尔康度假村、云圣快捷酒店、停车场和芦院沟附近。

446 苍耳（*Xanthium sibiricum*）　菊科 Compositae　苍耳属 *Xanthium*

形态特征：一年生草本，根纺锤状，茎直立不枝或少有分枝，下部圆柱形，叶三角状卵形或心形，雄性的头状花序球形，雌性的头状花序椭圆形，瘦果 2，倒卵形。花期 7～8 月，果期 9～10 月。**识别要点：**头状花序单性，雌雄同株，雌性头状花序有 2 小花；总苞片愈合，外面具钩状刺。**用途与价值：**种子可榨油，果实供药用。**生境：**平原、丘陵、低山、荒野路边、田边。**山西省分布：**天镇县、广灵县、浑源县等地。**云丘山分布：**琪尔康度假村、云圣快捷酒店、坂尔上村和东交口村周边。

447 大麻（*Cannabis sativa*） 桑科 Moraceae 大麻属 *Cannabis*

形态特征： 一年生直立草本，枝具纵沟槽，叶掌状全裂，裂片披针形或线状披针形，雄花外面被细伏贴毛，雌花略被小毛，瘦果为宿存黄褐色苞片所包，表面具细网纹，花期5～6月，果期为7月。**识别要点：** 叶互生，掌状复叶，具长柄。**用途与价值：** 茎皮纤维可纺线，种子榨油，果。花可入药，叶含麻醉性树脂。**生境：** 平原、丘陵地带。**山西省分布：** 全省各地广泛栽培。**云丘山分布：** 云圣快捷酒店和八宝宫附近。

448 东亚唐松草（*Thalictrum minus* var. *hypoleucum*） 毛茛科 Ranunculaceae 唐松草属 *Thalictrum*

形态特征： 植株全部无毛，茎下部叶有稍长柄或短柄，茎中部叶有短柄或近无柄，为四回三出羽状复叶，顶生小叶楔状倒卵形、宽倒卵形、近圆形或狭菱形，基部楔形至圆形，圆锥花序，瘦果狭椭圆球形，6～7月开花。**识别要点：** 植株全部无毛；心皮3～5对；柱头近三角状箭头形；瘦果狭椭圆球形。**用途与价值：** 根可治牙疼、急性皮炎、湿疹。**生境：** 丘陵或山地林边或山谷沟边。**山西省分布：** 太岳山区灵石县马和乡。**云丘山分布：** 神仙峪和黄金峪附近。

449 细唐松草（*Thalictrum tenue*） 毛茛科 Ranunculaceae 唐松草属 *Thalictrum*

形态特征：一年生，簇生或单生草本，秆直立或基部稍膝曲，叶鞘松弛，叶舌膜质，截形，叶片线形，圆锥花序开展，基部常为顶生叶鞘所包，小穗卵状长圆形，花期、果期7～10月。**识别要点：**小叶较小，全部不分裂，全缘，椭圆形或卵形。**用途与价值：**具有药用价值，含有生物碱类成分。**生境：**丘陵灌丛中或荒野路旁。**山西省分布：**太原市、乡宁县。**云丘山分布：**塔尔坡停车场附近。

450 萹蓄（*Polygonum aviculare*） 蓼科 Polygonaceae 蓼属 *Polygonum*

形态特征：一年生草本。茎平卧、上升或直立，自基部多分枝，具纵棱，叶椭圆形，狭椭圆形或披针形，托叶鞘撕裂脉明显，花单生或数朵簇生于叶腋，瘦果卵形，花期5～7月，果期6～8月。**识别要点：**托叶鞘有脉纹，雄蕊8，瘦果2毫米以上。**用途与价值：**全草入药，利尿、抗菌、降压，可作饲料。**生境：**海拔10～4200米的田边路、沟边湿地。**山西省分布：**全省各地。**云丘山分布：**康家坪古村、康家坪停车场和葫芦潭附近。

451 铁苋菜（*Acalypha australis*） 大戟科 Euphorbiaceae 铁苋菜属 *Acalypha*

形态特征：年生草本，叶长卵形、近菱状卵形或阔披针形，托叶披针形，雌雄花同序，花序腋生，稀顶生，蒴果，果皮具疏生毛和毛基变厚的小瘤体，种子近卵状，花期、果期4～12月。**识别要点：**一年生草本；叶绿色，野生。**用途与价值：**全草可入药，具有清热解毒、利湿消积、收敛止血的功效。**生境：**平原或山坡较湿润的耕地和空旷草地，有时石灰岩山疏林下也有分布。**山西省分布：**五台县陈家庄乡、豆村镇、乡宁县等地。**云丘山分布：**塔尔坡停车场和坂尔上村附近。

452 乳浆大戟（*Euphorbia esula*） 大戟科 Euphorbiaceae 大戟属 *Euphorbia*

形态特征：多年生草本。根圆柱状，茎单生或丛生，单生时自基部分枝，叶线形至卵形，变化极不稳定，不育枝叶常为松针状，花序单生于二歧分枝的顶端，蒴果三棱状球形，种子卵球状，花期、果期4～10月。**识别要点：**根细长，苞叶条形、披针形至卵状披针形。**用途与价值：**全草入药，治水肿，小便不利，疟疾，外用治瘰疬，肿毒，疥癣。**生境：**路旁、杂草丛、山坡、林下、河沟边、荒山、沙丘及草地。**山西省分布：**朔州市、天镇县、五台县等地。**云丘山分布：**云圣快捷酒店和芦院沟附近。

453 大戟（*Euphorbia pekinensis*）　大戟科 Euphorbiaceae　大戟属 *Euphorbia*

形态特征：多年生草本，根圆柱状，茎单生或自基部多分枝，叶互生，常为椭圆形，少为披针形或披针状椭圆形，花序单生于二歧分枝顶端，蒴果球状，花柱宿存且易脱落，种子长球状，花期5～8月，果期6～9月。识别要点：果实具疣状突起。用途与价值：有毒，可制作成农药。生境：山坡、灌丛、路旁、荒地、草丛、林缘和疏林内。山西省分布：灵丘县、阳曲县、沁源县等地。云丘山分布：黄金峪、云圣快捷酒店、神仙峪和水库附近。

454 地锦（*Euphorbia humifusa*）　大戟科 Euphorbiaceae　大戟属 *Euphorbia*

形态特征：一年生草本，茎匍匐，自基部以上多分枝，叶对生，矩圆形或椭圆形，花序单生于叶腋，蒴果三棱状卵球形，种子三棱状卵球形，花期、果期5～10月。识别要点：匍匐草本植物，茎纤细，叉状分枝；叶对生。用途与价值：全草入药，具有祛风止痛，活血通络之功效。生境：原野荒地、路旁、田间、沙丘、海滩、山坡等地。山西省分布：全省各地。云丘山分布：坂尔上村、东红花坪、红花坪和康家坪古村附近。

455 斑地锦 (*Euphorbia maculata*) 大戟科 Euphorbiaceae 大戟属 *Euphorbia*

形态特征: 一年生草本，根纤细，茎匍匐，叶对生，长椭圆形至肾状长圆形，花序单生于叶腋，蒴果三角状卵形，种子卵状四棱形，花期、果期4～9月。**识别要点:** 茎与分枝均匍匐状；叶纸质，杯状聚伞花序单生，偶簇生或聚生。**用途与价值:** 幼果有药用价值，具有止血，清湿热，通乳功效。**生境:** 平原或低山坡的路旁。**山西省分布:** 和顺县、洪洞县、襄汾县、乡宁县等地。**云丘山分布:** 丁石村、马璧峪、东交口村和安汾村周边。

456 中华卷柏 (*Selaginella sinensis*) 卷柏科 Selaginellaceae 卷柏属 *Selaginella*

形态特征: 土生或旱生，匍匐，根托在主茎上断续着生，根多分叉，茎圆柱状，叶全部交互排列，分枝上的腋叶对称，窄倒卵形，侧叶多少对称，孢子叶穗紧密，四棱柱形，单个或成对生于小枝末端。**识别要点:** 营养叶近同形。**用途与价值:** 全草入药，止血。**生境:** 海拔100～1000（～2800）米的灌丛中、岩石上或土坡上。**山西省分布:** 五台县、中阳县、浑源县、保德县等地。**云丘山分布:** 黄金峪、马璧峪、二天门和一天门附近。

457 红枝卷柏（*Selaginella sanguinolenta*） 卷柏科 Selaginellaceae 卷柏属 *Selaginella*

形态特征：土生或石生，旱生，匍匐，具横走的根状茎，根托在主茎与分枝上断续着生，主茎全部分枝，圆柱状，叶覆瓦状排列，披针形或卵状披针形，主茎上的腋叶狭长圆形，孢子叶穗紧密，四棱柱形。**识别要点：**主茎呈红色。**用途与价值：**具有药用价值，具有清热解毒，活血止血的功效。**生境：**海拔 1400～3450 米的石灰岩上。**山西省分布：**离石市、保德县、五台县等地。**云丘山分布：**马璧峪、云圣快捷酒店和芦院沟附近。

458 草问荆（*Equisetum pratense*） 木贼科 Equisetaceae 木贼属 *Equisetum*

形态特征：中型植物。根茎直立和横走，地上枝当年枯萎，枝二型，能育枝披针形，背面有浅纵沟，不育枝轮生分枝多，主枝有脊，披针形，侧枝柔软纤细，扁平状，孢子囊穗椭圆柱状。**识别要点：**主茎上的叶鞘齿 14～16 枚，细小，中脉棕褐色，边缘白色，膜质；侧枝不再分枝。**用途与价值：**全草可入药，可治肠道寄生虫病。**生境：**海拔 500～2800 米的地区。**山西省分布：**繁峙县、五寨县、兴县、娄烦县和垣曲县。**云丘山分布：**云圣快捷酒店、神仙峪和黄金峪附近。

PLANTS OF YUNQIU MOUNTAIN

459 粗茎鳞毛蕨（*Dryopteris crassirhizoma*）

鳞毛蕨科 Dryopteridaceae　　鳞毛蕨属 *Dryopteris*

形态特征：根状茎粗大，直立或斜升。叶簇生；卵状披针形或狭披针形，叶轴上的鳞片明显扭卷，线形至披针形，叶片长圆形至倒披针形，叶脉羽状，孢子囊群圆形，囊群盖圆肾形或马蹄形，孢子具周壁。**识别要点：**叶片一回羽状，羽片羽状深裂至二回羽状，羽轴下面被平直披针形、边缘流苏状的鳞片。**用途与价值：**根状茎及叶柄残基入药，具有清热解毒、止血杀虫等功效。**生境：**山地林下。**山西省分布：**乡宁县云丘山、蒲县五鹿山等地。**云丘山分布：**黄金峪、玉皇顶和神仙峪周边。

460 陕西粉背蕨（*Aleuritopteris shensiensis*）

中国蕨科 Sinopteridaceae　　粉背蕨属 *Aleuritopteris*

形态特征：植株高 15～35 厘米，根状茎短而直立，密被鳞片，叶簇生，叶片五角形，尾状长渐尖，基部三回羽裂，中部二回羽裂，顶部一回羽裂，侧生羽片对生或近对生，孢子囊群线形或圆形，周壁疏具颗粒状纹饰。**识别要点：**叶下面无粉末。**用途与价值：**全草可入药，治脱肛、脱宫，小儿疳积，咽喉肿痛。**生境：**海拔 180～2500 米的石缝中和墙缝中。**山西省分布：**五台县、岢岚县、阳城县等地。**云丘山分布：**神仙峪、圣母崖、崖壁栈道和一线天附近。

461 银粉背蕨（*Aleuritopteris argentea*）

中国蕨科 Sinopteridaceae　　粉背蕨属 *Aleuritopteris*

形态特征：根状茎直立或斜升先端被披针形，叶簇生，基部疏被棕色披针形鳞片叶片五角形基部三回羽裂，中部二回羽裂，上部一回羽裂，孢子囊群较多；囊群盖连续孢子极面观为钝三角形，周壁表面具颗粒状纹饰。**识别要点：**叶片分裂度细而密，裂片边缘有整齐的圆齿，下面被乳白色或淡黄色粉末。**用途与价值：**全草可入药，补虚止咳，调经活血，消肿解毒，止血。**生境：**海拔 3900 米以下的石灰岩石缝中或墙缝中。**山西省分布：**永济市、夏县、闻喜县、垣曲县等地。**云丘山分布：**神仙峪、圣母崖和黄金峪附近。

462 虎尾铁角蕨（*Asplenium incisum*）铁角蕨科 Aspleniaceae　铁角蕨属 *Asplenium*

形态特征：根状茎短，鳞片狭披针形，叶密集簇生，叶片阔披针形，下部羽片卵形或半圆形，中部各对羽片三角状披针形或披针形，小羽片椭圆形或卵形，圆头并有粗齿牙，孢子囊群椭圆形，囊群盖椭圆形。**识别要点：**叶轴顶部不生芽胞。**用途与价值：**可药用，治小儿惊风。**生境：**海拔 70～1600 米的林下潮湿岩石上。**山西省分布：**中条山区永济市和垣曲市。**云丘山分布：**神仙峪、圣母崖和一线天附近。

463 北京铁角蕨（*Asplenium pekinense*）

铁角蕨科 Aspleniaceae 铁角蕨属 *Asplenium*

形态特征：根状茎短而直立，鳞片披针形，叶簇生；叶片披针形下部羽片对生，中部羽片三角状椭圆形，小羽片椭圆形，基部舌形或线形，叶脉小脉扇状二叉分枝，孢子囊群近椭圆形，囊群盖同形。**识别要点：**基部羽片缩短。**用途与价值：**全草可入药。**生境：**海拔 380～3900 米的岩石上或石缝中。**山西省分布：**垣曲县、陵川县、阳城县、沁源县等地。**云丘山分布：**神仙峪、神泉和圣母崖附近。

464 鞭叶耳蕨（*Polystichum craspedosorum*）

鳞毛蕨科 Dryopteridaceae 耳蕨属 *Polystichum*

形态特征：根茎直立，密生披针形棕色鳞片。叶簇生，叶片线状披针形或狭倒披针形，叶背面脉上有或疏或密的线形及毛状黄棕色鳞片，叶背面密生狭披针形，囊群盖大，圆形，全缘，盾状。**识别要点：**囊群盖全缘。**用途与价值：**全草可入药，清热解毒。**生境：**海拔 2300 米以下的石灰岩地区，生在阴面干燥的石灰岩上。**山西省分布：**沁源县、垣曲县、陵川县等地。**云丘山分布：**神仙峪、黄金峪、圣母崖和一线天附近。

465 长苞香蒲（*Typha angustata*） 香蒲科 Typhaceae 香蒲属 *Typha*

形态特征：多年生水生或沼生草本。根状茎粗壮，地上茎直立，叶片海绵状，叶鞘很长，抱茎，雌雄花序远离，雄花序轴具弯曲柔毛，花粉粒单体，球形、卵形或钝三角形，小坚果纺锤形，种子黄褐色，花期、果期 6～8 月。**识别要点：**花药长 1.2～1.5 毫米，雄花序轴具稀疏白色或黄褐色柔毛，从不分叉；柱头宽条形至披针形，比花柱宽。**用途与价值：**花粉入药，叶片用于编织，雌花可作填充物。**生境：**湖泊、河流、池塘浅水，沼泽、沟渠。**山西省分布：**河津市、垣曲县、沁县及沁水县。**云丘山分布：**游仙湖和求子灵池附近。

466 扁茎灯心草（*Juncus compressus*） 灯心草科 Juncaceae 灯心草属 *Juncus*

形态特征：多年生草本，根状茎粗壮横走，茎丛生，圆柱形或稍扁，叶基生和茎生，叶片线形，扁平，叶鞘松弛抱茎，顶生复聚伞花序，花单生，花被片披针形或长圆状披针形，种子斜卵形，花期 5～7 月，果期 6～8 月。**识别要点：**花单生，集成聚伞状或圆锥状花序。**用途与价值：**可作饲料。**生境：**海拔 540～1500 米的河岸、塘边、田埂上、沼泽及草原湿地。**山西省分布：**五台县耿镇、交城县、灵石县等地。**云丘山分布：**心形池附近。

467 香附子（*Cyperus rotundus*） 莎草科 Cyperaceae 莎草属 *Cyperus*

形态特征：匍匐根状茎长，具椭圆形块茎，叶较多，秆锐三棱形，常裂成纤维状，穗状花序轮廓为陀螺形，小穗卵形或长圆状卵形，小坚果长圆状倒卵形，三棱形，花期、果期5～11月。**识别要点：**多年生草本，具长的地下匍匐枝及块茎。**用途与价值：**块茎有药用价值。**生境：**山坡荒地草丛中或水边潮湿处。**山西省分布：**临汾市，太原市晋祠、天龙山，翼城县等地。**云丘山分布：**红花坪和坂尔上村附近。

468 红鳞扁莎（*Pycreus sanguinolentus*） 莎草科 Cyperaceae 扁莎属 *Pycreus*

形态特征：根为须根。秆密丛生，叶稍多，边缘具白色透明的细刺，小穗长圆形、线状长圆形或长圆状披针形，小坚果圆倒卵形或长圆状倒卵形，花期、果期7～12月。**识别要点：**鳞片两侧具深纵沟槽，长2.5～3.5毫米，背面上部向内弯曲；基生叶片宽3～4毫米。**用途与价值：**全草具有药用价值，可清热解毒。**生境：**山谷、田边、河旁潮湿处，或长于浅水处，多在向阳的地方。**山西省分布：**广灵县、五台县。**云丘山分布：**红花坪和坂尔上村附近。

469 白鳞莎草（*Cyperus nipponicus*）　莎草科 Cyperaceae　莎草属 *Cyperus*

形态特征：一年生草本，秆密丛生，基部具少数叶，长侧枝聚散花序短缩成头状，圆球形，小穗披针形或卵状长圆形，小坚果长圆形，平凸状或有时近于凹凸状，花期、果期 8～9 月。**识别要点：**长具枝聚伞花序短缩成头状，辐射枝不发达；鳞片二列，宽卵形，柱头 2。**用途与价值：**具有观赏价值。**生境：**空旷的地方。**山西省分布：**太原市晋祠。**云丘山分布：**红花坪和坂尔上村附近。

470 头状穗莎草（*Cyperus glomeratus*）　莎草科 Cyperaceae　莎草属 *Cyperus*

形态特征：一年生草本，具须根，秆散生，基部具少数叶，复出长侧枝聚散花序，穗状花序近于圆形、椭圆形或长圆形，小穗多列线状披针形或线形，鳞片排列疏松，花期、果期 6～10 月。**识别要点：**鳞片狭长圆形，有 1 条脉；小坚果狭长圆形；秆粗壮，高大，肥厚；小穗极多，密集成头状。**用途与价值：**具有观赏价值。**生境：**水边沙土上或路旁阴湿的草丛中。**山西省分布：**太原市、长治市等地。**云丘山分布：**红花坪和坂尔上村附近。

471 翼果薹草（*Carex neurocarpa*） 莎草科 Cyperaceae 薹草属 *Carex*

形态特征：根状木质短茎，秆丛生，全株密生锈色点线，基部叶鞘无叶片，叶边缘粗糙先端渐尖，穗状花序紧密，雄花鳞片长圆形，雌花鳞片卵形至长圆状椭圆形，果囊卵形或宽卵形，小坚果卵形或椭圆形，花期、果期6～8月。**识别要点：**果囊边缘具翅。**用途与价值：**具有观赏价值。**生境：**海拔100～1700米的水边湿地或草丛中。**山西省分布：**垣曲县、夏县太宽河。**云丘山分布：**红花坪和坂尔上村附近。

472 大披针薹草（*Carex lanceolata*） 莎草科 Cyperaceae 薹草属 *Carex*

形态特征：根状茎粗壮，斜生，秆密丛生，扁三棱形，叶边缘稍粗糙，苞片佛焰苞状，小穗线状圆柱形，雄花鳞片长圆状披针形，雌花鳞片披针形或倒卵状披针形，果囊倒卵状长圆形，小坚果倒卵状椭圆形。**识别要点：**苞鞘仅下部1～2枚的顶端具刚毛状苞叶，其余的仅具突尖，背部绿色，其余部分褐色，腹面边缘及鞘口为白色膜质；小穗具5～10朵疏生或稍密生的花；穗轴微呈“之”字形曲折；叶于花后长于秆。**用途与价值：**茎叶可作造纸原料，嫩茎叶是牲畜的饲料。**生境：**海拔110～2300米的林下、林缘草地、阳坡干燥草地。**山西省分布：**霍州市七里峪、蒲县五鹿山、乡宁县云丘山、中阳县柏洼山等地。**云丘山分布：**三官洞和土地庙周边。

473 扁秆藨草（*Scirpus planiculmis*） 莎草科 Cyperaceae 藨草属 *Scirpus*

形态特征：具匍匐根状茎和块茎。秆三棱形，长侧枝聚散花序短缩成头状，小穗卵形或长圆状卵形，鳞片长圆形或椭圆形，小坚果宽倒卵形或倒卵形，花期 5～6 月，果期 7～9 月。识别要点：具球状块茎；小穗长 10～15 毫米，鳞片被毛；小坚果长 3～3.5 毫米。用途与价值：可作饲料。生境：海拔 2～1600 米的湖、河边近水处。山西省分布：永济市、天镇县、浑源县、五台县等地。云丘山分布：红花坪和坂尔上村附近。

474 狗尾草（*Setaria viridis*） 禾本科 Gramineae 狗尾草属 *Setaria*

形态特征：一年生。秆直立或基部膝曲，叶鞘松弛，叶舌极短，叶片扁平，长三角状狭披针形或线状披针形，圆锥花序紧密呈圆柱状或基部稍疏离，直立或稍弯垂，颖果灰白色。花期、果期 5～10 月。识别要点：花序基部连续；第一颖长为小穗的 1/3～1/4，先端钝，边缘常膜质。用途与价值：秆、叶可作饲料，可入药。生境：海拔 4000 米以下的荒野、道旁，为旱地作物常见的一种杂草。山西省分布：全省各地。云丘山分布：琪尔康度假村、康家坪停车场、葫芦潭和游仙湖附近。

475 金色狗尾草（*Setaria glauca*）　禾本科 Gramineae　狗尾草属 *Setaria*

形态特征：一年生；单生或丛生。秆直立或基部倾斜膝曲，叶鞘下部扁压具脊，上部圆形，叶片线状披针形或狭披针形，圆锥花序紧密呈圆柱状或狭圆锥状，花期、果期6～10月。识别要点：花序主轴上每小枝具1枚成熟小穗；第二颖长为小穗的1/2，小穗和刚毛金黄色。用途与价值：秆、叶可作饲料。生境：林边、山坡、路边和荒芜的园地及荒野。山西省分布：浑源县、天镇县、左云县、偏关县等地。云丘山分布：黄金峪、葫芦潭和坂尔上村附近。

476 白茅（*Imperata cylindrica*）　禾本科 Gramineae　白茅属 *Imperata*

形态特征：多年生，具粗壮的长根状茎，叶鞘聚集于秆基，秆生叶片窄线形，圆锥花序稠密，第一外稃卵状披针形，第二外稃卵圆形，颖果椭圆形，花期、果期4～6月。识别要点：紧缩呈穗状花序或开展圆锥花序；雄蕊2。用途与价值：根茎及花序入药，可凉血，止血，清热利尿。生境：低山带平原河岸草地、沙质草甸、荒漠与海滨。山西省分布：太原市、乡宁县、垣曲县等地。云丘山分布：安汾村、马璧峪和坂尔上村附近。

477 牛筋草（*Eleusine indica*） 禾本科 Gramineae 䅟属 *Eleusine*

形态特征：一年生草本。秆丛生，高10～90厘米。叶片线形，穗状花序2～7个指状小穗含3～6小花；囊果卵形，花期、果期6～10月。识别要点：穗状花序2枚至多数，坚强，呈指状排列或顶生于一短缩主轴上，花序具顶生小穗。用途与价值：全株可作饲料，全草可防治乙型脑炎。生境：荒芜之地及道路旁。山西省分布：全省各地。云丘山分布：塔尔坡停车场、东交口村和安汾村附近。

478 毛马唐（*Digitaria chrysoblephara*） 禾本科 Gramineae 马唐属 *Digitaria*

形态特征：一年生。具分枝，叶片线状披针形，总状花序4～10枚，呈指状第一颖三角形；第二颖披针形，花期、果期6～10月。识别要点：小穗孪生于穗轴各节，宽披针形，长约为其宽的3倍，顶端尖或渐尖。用途与价值：为一种牧草，也是果园和旱田的主要杂草。生境：路旁田野。山西省分布：全省各地。云丘山分布：塔尔坡停车场、红花坪和云圣快捷酒店周边。

479 虎尾草（*Chloris virgata*） 禾本科 Gramineae 虎尾草属 *Chloris*

形态特征：一年生草本，叶片线形，穗状花序 5～10 余枚，指状着生于秆顶，第一小花两性呈倒卵状披针形，第二小花不孕，长楔形，仅存外稃，颖果纺锤形，花期、果期 6～10 月。识别要点：小穗除颖外具 2 芒。用途与价值：为牲畜食用牧草。生境：海拔 3700 米以下的路旁荒野，河岸沙地、土墙及房顶上。山西省分布：全省各地。云丘山分布：坂尔上村、马璧峪、芦院沟和黄金峪附近。

480 白羊草（*Bothriochloa ischaemum*） 禾本科 Gramineae 孔颖草属 *Bothriochloa*

形态特征：多年生草本。秆丛生，叶片线形，总状花序 4 至多数着生于秆顶呈指状，第一颖草质背部中央略下凹，第二颖舟形，花果期秋季。识别要点：花序主轴短，总状花序呈指状排列或为伞房状。用途与价值：可作牧草，根可制刷子。生境：山坡草地和荒地。山西省分布：五台县、代县、临县等地。云丘山分布：安汾村、东交口村附近。

481 西来稗（*Echinochloa crusgalli* var. *zelayensis*）

禾本科 Gramineae 稗属 *Echinochloa*

形态特征：一年生。叶鞘疏松裹秆，叶片扁平，线形，圆锥花序直立，近尖塔形，小穗卵状椭圆形，第一颖三角形，第二颖具小尖头，花期、果期夏秋季。**识别要点：**小穗卵状椭圆形，无芒，花序分枝不具小枝。**用途与价值：**可作牧草。**生境：**水边或稻田中。**山西省分布：**五台县、临县、中阳县等地。**云丘山分布：**葫芦潭和游仙湖附近。

482 稗（*Echinochloa crusgalli*） 禾本科 Gramineae 稗属 *Echinochloa*

形态特征：一年生，叶鞘疏松裹秆，叶片扁平，线形，圆锥花序直立，近尖塔形，小穗卵形，第一颖三角形，第二颖具小尖头，花期、果期夏秋季。**识别要点：**芒长 0.5～1.5 厘米；花序分枝柔软。**用途与价值：**可作牧草。**生境：**沼泽地、沟边及水稻田中。**山西省分布：**晋城市、偏关县、蒲县等地。**云丘山分布：**葫芦潭附近。

483 芒（*Miscanthus sinensis*）　禾本科 Gramineae　芒属 *Miscanthus*

形态特征：多年生苇状草本。叶片线形，圆锥花序直立，分枝较粗硬直立，小枝节间三棱形，小穗披针形，柱头羽状，颖果长圆形，花期、果期 7～12 月。识别要点：小穗长 4.5～5 毫米，总状花序数 10 枚组成中型圆锥花序。用途与价值：可入药，清热利尿；解毒散血，可作饲料、纤维与建造材料。生境：海拔 1800 米以下的山地、丘陵和荒坡原野。山西省分布：全省各地。云丘山分布：神仙峪和芦院沟附近。

484 荻（*Triarrhena sacchariflora*）　禾本科 Gramineae　荻属 *Triarrhena*

形态特征：多年生，具发达被鳞片的长匍匐根状茎，秆直立，叶片扁平，宽线形，圆锥花序疏展成伞房状，小穗线状披针形，柱头紫黑色，自小穗中部以下的两侧伸出。颖果长圆形，花期、果期 8～10 月。识别要点：秆高 1～1.5 米，直径约 0.5 厘米，具 10 余节，节密生长约 2 毫米的柔毛。伞房状圆锥花序长约 20 厘米，主轴的分枝腋间具柔毛，小穗柄基部与总状花序轴节间常具短柔毛；花药长 2.5～3 毫米。颖果长约 1.5 毫米。用途与价值：优良防沙护坡植物。生境：山坡草地和平原岗地、河岸湿地。山西省分布：太原市、介休市、沁水县等地。云丘山分布：求子灵池附近。

485 北京隐子草（*Cleistogenes hancei*） 禾本科 Gramineae 隐子草属 *Cleistogenes*

形态特征：多年生草本，具短的根状茎，秆直立，叶片线形 ，圆锥花序开展斜上，小穗排列较密，外稃披针形，内稃脊上粗糙，花期、果期 7～11 月。**识别要点：**秆节较长，基部具鳞芽，叶较少，叶片质薄，平展，长 3～12 厘米，宽 3～8 毫米；圆锥花序开展，伸出鞘外，**用途与价值：**可作牧草。**生境：**山坡、路旁、林缘灌丛。**山西省分布：**离石市、交城县。**云丘山分布：**琪尔康度假村和善人沟周边。

486 求米草（*Oplismenus undulatifolius*） 禾本科 Gramineae 求米草属 *Oplismenus*

形态特征：秆纤细，基部平卧地面，节处生根，叶片扁平，披针形至卵状披针形，圆锥花序，长 2～10 厘米，小穗卵圆形，颖草质，第一外稃草质，第二外稃革质，花期、果期 7～11 月。**识别要点：**花序不分枝或分枝短缩，有时下部分枝延伸，但仅长 2 厘米；小穗簇生或孪生。**用途与价值：**可作饲料。**生境：**疏林下阴湿处。**山西省分布：**垣曲历山、黑龙山、皇姑曼，泽州县东大河。**云丘山分布：**神仙峪附近。

487 看麦娘（*Alopecurus aequalis*） 禾本科 Gramineae 看麦娘属 *Alopecurus*

形态特征：一年生。秆少数丛生，叶片扁平，圆锥花序圆柱状，小穗椭圆形或卵状长圆形，外稃膜质，芒隐藏或稍外露，花药橙黄色，颖果长约 1 毫米，花期、果期 4～8 月。**识别要点：**小穗长 2～3 毫米，芒长 2～3 毫米，隐藏或稍外露；花药长 0.5～0.8 毫米。**用途与价值：**全草入药，利湿消肿，解毒，全草可作饲草。**生境：**海拔较低之田边及潮湿之地。**山西省分布：**霍州市七里峪、洪洞县、乡宁县等地。**云丘山分布：**云圣快捷酒店周边。

488 鹅观草（*Roegneria kamoji*） 禾本科 Gramineae 鹅观草属 *Roegneria*

形态特征：秆直立或基部倾斜，叶鞘外侧边缘常具纤毛；叶片扁平，穗状花序弯曲或下垂；颖卵状披针形至长圆状披针形，脊显著具翼。**识别要点：**颖显著短于第一外稃；外稃与颖显著具有宽膜质边缘，外稃边缘无纤毛；内稃脊上具翼，翼上有纤毛。**用途与价值：**可作牧草。**生境：**海拔 100～2300 米的山坡和湿润草地。**山西省分布：**宁武县、交城县、娄烦县等地。**云丘山分布：**红花坪和坂尔上村附近。

489 纤毛鹅观草（*Roegneria ciliaris*）　禾本科 Gramineae　鹅观草属 *Roegneria*

形态特征：秆单生或成疏丛，直立，叶鞘无毛，叶片扁平，颖椭圆状披针形，外稃长圆状披针形，脊的上部具少许短小纤毛。**识别要点：**叶片两面及边缘均无毛。**用途与价值：**幼时可作牧草。**生境：**路旁或潮湿草地及山坡上。**山西省分布：**太原市天龙山、五台县、乡宁县等地。**云丘山分布：**云圣快捷酒店附近。

490 臭草（*Melica scabrosa*）　禾本科 Gramineae　臭草属 *Melica*

形态特征：多年生。秆丛生，直立或基部膝曲，基部密生分蘖。叶鞘闭合近鞘口，叶片扁平，圆锥花序狭窄，分枝直立或斜向上升，小穗柄短，颖狭披针形，外稃背面颖粒状粗糙，颖果褐色，纺锤形，花期、果期 5～8 月。**识别要点：**花序较大，小穗多而密集；第一颖 3～5 脉；叶片宽 2～7 毫米。**用途与价值：**可作饲料。**生境：**海拔 200～3300 米的山坡草地、荒芜田野、渠边路旁。**山西省分布：**太原市、五台县、中阳县等地。**云丘山分布：**停车场、客运中心和云圣快捷酒店周边。

491 棒头草（*Polypogon fugax*） 禾本科 Gramineae 棒头草属 *Polypogon*

形态特征：一年生。秆丛生，叶鞘光滑叶舌长圆形，叶片扁平，圆锥花序穗状，长圆形或卵形，颖长圆形，外稃光滑，颖果椭圆形，花期、果期4～9月。**识别要点：**颖片之芒短于或稍长于小穗。**用途与价值：**全草可入药，治关节痛。**生境：**海拔100～3600米的山坡、田边、潮湿处。**山西省分布：**夏县、垣曲县等地。**云丘山分布：**玉莲洞附近。

492 细柄黍（*Panicum psilopodium*） 禾本科 Gramineae 黍属 *Panicum*

形态特征：一年生，簇生或单生草本。叶片线形，圆锥花序开展，花序分枝纤细，小穗卵状长圆形，第一颖宽卵形，第二颖长卵形，第一外稃与第二颖同形，第二外稃狭长圆形，鳞被细小，花期、果期7～10月。**识别要点：**第一颖长为小穗的1/3。**用途与价值：**具有观赏价值。**生境：**生于丘陵灌丛中或荒野路旁。**山西省分布：**乡宁县云丘山、蒲县五鹿山、霍州市七里峪、宁武县芦芽山等地。**云丘山分布：**圣母崖和桃花源附近。

493 大油芒（*Spodiopogon sibiricus*） 禾本科 Gramineae 大油芒属 *Spodiopogon*

形态特征：多年生草本，具质地坚硬密被鳞状苞片的状茎。秆直立单一，叶片线状披针形，圆锥花序分枝近轮生，小穗宽披针形，第一外稃卵状披针形，第二小花两性，外稃稍短于小穗，颖果长圆状披针形，花期、果期 7～10 月。**识别要点：**植株高 1～1.5 米；叶片长 15～30 厘米；圆锥花序长 10～20 厘米；小穗颖片之脉间被长柔毛；第二外稃具长 1～1.5 厘米之芒。**用途与价值：**全草可入药，可作饲草，秆可作原料。**生境：**山坡、路旁林荫之下。**山西省分布：**浑源县、五台县、蒲县、陵川县等地。**云丘山分布：**三号缆车、三官洞、心形池和二号缆车附近。

494 细柄草（*Capillipedium parviflorum*） 禾本科 Gramineae 细柄草属 *Capillipedium*

形态特征：多年簇生草本，不分枝或具数直立、贴生的分枝，叶片线形，圆锥花序长圆形，第一颖背腹扁，第二颖舟形，第一外稃先端钝或呈钝齿状，第二外稃线形，花期、果期 8～12 月。**识别要点：**秆质较柔软，单一或具直立贴生的分枝；叶片多为线形，不具白粉；有柄小穗等长或较短于无柄小穗，无柄小穗的第一颖背部具沟槽。**用途与价值：**可作饲料。**生境：**山坡草地、河边、灌丛中。**山西省分布：**五台山。**云丘山分布：**红花坪、东山和坂尔上村附近。

495 早熟禾（*Poa annua*） 禾本科 Gramineae 早熟禾属 *Poa*

形态特征：一年生或冬性禾草，秆直立或倾斜，叶鞘稍压扁，叶片扁平或对折，常有横脉纹，圆锥花序宽卵形，小穗卵形，第一颖披针形，外稃卵圆形，颖果纺锤形，花期4～5月，果期6～7月。**识别要点：**内稃两脊具长而密的丝状毛；外稃先端具较宽的膜质。**用途与价值：**可作饲料。**生境：**海拔100～4800米的平原和丘陵的路旁草地、田野水沟或荫蔽荒坡湿地。**山西省分布：**太原市晋祠。**云丘山分布：**八宝宫周边。

496 京芒草（*Achnatherum pekinense*） 禾本科 Gramineae 芨芨草属 *Achnatherum*

形态特征：多年生。秆直立，基部常宿存枯萎的叶鞘，叶片扁平或边缘稍内卷，圆锥花序开展，颖披针形，外稃基盘较钝，内稃背部圆形，花期、果期7～10月。**识别要点：**小穗长11～13毫米；第一颖稍长于第二颖；外稃长6～7毫米；叶片宽达10毫米。**用途与价值：**全草可作造纸原料。**生境：**海拔350～1500米的低矮山坡草地、林下、河滩及路旁。**山西省分布：**阳泉市娘子关、五台县东裕乡。**云丘山分布：**三号缆车、玉皇顶和二号缆车附近。

497 长芒草（*Stipa bungeana*） 禾本科 Gramineae 针茅属 *Stipa*

形态特征： 秆丛生，叶鞘光滑无毛或边缘具纤毛，基生叶舌钝圆形，秆生者披针形，叶片纵卷似针状，圆锥花序为顶生叶鞘所包，芒两回膝曲扭转，颖果长圆柱形，但在隐藏小穗中者则为卵圆形，花期、果期6～8月。**识别要点：** 秆基部鞘内有隐藏小穗。**用途与价值：** 可作牧草。**生境：** 海拔500～4000米的石质山坡，黄土丘陵，河谷阶地或路旁。**山西省分布：** 太原市、沁源县、蒲县、稷山县等地。**云丘山分布：** 东山、红花坪和芦院沟附近。

498 雀麦（*Bromus japonicus*） 禾本科 Gramineae 雀麦属 *Bromus*

形态特征： 一年生。秆直立，叶鞘闭合，叶舌先端近圆形，叶片两面生柔毛，圆锥花序疏展，向下弯垂；外稃椭圆形，小穗轴短棒状，颖果长7～8毫米。花期、果期5～7月。**识别要点：** 一年生；叶鞘和叶片都被白色柔毛；外稃具长5～10毫米的芒。**用途与价值：** 可作牧草。**生境：** 海拔50～2500（～3500）米的山坡林缘、荒野路旁、河漫滩湿地。**山西省分布：** 永济市、夏县太宽河、垣曲县。**云丘山分布：** 云圣快捷酒店、八宝宫和烈士纪念碑附近。

499 芦苇（*Phragmites australis*） 禾本科 Gramineae 芦苇属 *Phragmites*

形态特征：多年生，根状茎十分发达。秆直立，基部和上部的节间较短，叶片披针状线形，圆锥花序大型，小穗长约 12 毫米，颖果长约 1.5 毫米。识别要点：小穗较大，长（10）13～20 毫米，第一不孕外稃明显长大；外稃基盘之两侧密生等长或长于其稃体之丝状柔毛。秆大多直立，不具地面长匍匐茎；秆之髓腔周围由薄壁细胞组成，无厚壁层。用途与价值：根茎、秆、叶及花序可入药。秆为造纸原料或作编席织帘及建棚材料。生境：江河湖泽、池塘沟渠沿岸和低湿地。山西省分布：繁峙县、定襄县、娄烦县等地。云丘山分布：求子灵池附近。

500 黄背草（*Themeda japonica*） 禾本科 Gramineae 菅属 *Themeda*

形态特征：多年簇生草本。秆圆形，压扁或具棱，叶片线形，大型伪圆锥花序，下部总苞状小穗对轮生于一平面，长圆状披针形，第一颖纺锤状圆柱形，颖果长圆形，胚线形，花期、果期 6～12 月。识别要点：总苞状小穗第一颖上部两侧具宽膜质边缘。用途与价值：茎叶可作饲料，根可制刷。生境：海拔 80～2700 米的干燥山坡、草地、路旁、林缘等处。山西省分布：长治市、五台县、静乐县、沁源县等地。云丘山分布：安汾村附近。

学名（拉丁名）索引
Index to Scientific Names

P

Q

R

中文名索引
Index to Chinese Names

恩格勒系统
Engler System

恩格勒系统是德国分类学家恩格勒（A. Engler）和勃兰特（K. Prantl）于1897年在其《植物自然分科志》巨著中所使用的系统，它是分类学史上第一个比较完整的系统。恩格勒系统几经修订，在1964年出版的《植物分科志要》第十二版中，已把双子叶植物放在单子叶植物之前。被子门分为2纲，62目，344科。其中双子叶植物48目，290科；单子叶植物14目，54科。被子植物门（Angiospermae）分为双子叶植物纲（Dicotyledoneae）和单子叶植物纲（Monocotyledoneae）两纲。其中，双子叶植物纲分为离瓣花亚纲（古生花被亚纲）（Archichlamydeae）和合瓣花亚纲（后生花被亚纲）（Sympetalae）两亚纲。

I　双子叶植物纲 Dicotyledoneae

A　离瓣花亚纲 Archichlamydeae

1 木麻黄目 Casuarinales

1 木麻黄科 Casuarinaceae

2 胡桃目 Juglandales

2 杨梅科 Myricaceae

3 胡桃科 Juglandaceae

3 假橡树目 Balanopales

4 假橡树科 Balanopaceae

4 银毛目 Leitneriales

5 银毛科 Leitneriaceae

6 Didymelaceae

5 杨柳目 Salicales

7 杨柳科 Salicaceae

6 山毛榉目 Fagales

8 桦木科 Betulaceae

9 山毛榉科 Fagaceae

7 荨麻目 Urticales

10 马尾树科 Rhoipleteaceae

11 榆科 Ulmaceae

12 杜仲科 Eucommiaceae

13 桑科 Moraceae

14 荨麻科 Urticaceae

8 山龙眼目 Proteales

15 山龙眼科 Proteaceae

9 檀香目 Santalales

（1）檀香亚目 Santalineae

16 铁青树科 Olacaceae

17 十齿花科 Dipentodontaceae

18 山柚子科 Opiliaceae

19 Grubbiaceae

20 檀香科 Santalaceae

21 Misodendraceae

（2）桑寄生亚目 Loranthineae

22 桑寄生科 Loranthaceae

10 蛇菰目 Balanophorales

23 蛇菰科 Balanophoraceae

11 田字药目（毛丝花）Medusandrales

24 田字药科（毛丝花）Medusandraceae

12 蓼目 Polygonales

25 蓼科 Polygonaceae

13 中子目 Centrospermae

（1）商陆亚目 Phytolaccineae

26 商陆科 Phytolaccaceae

27 Gyrostemonales

28 紫茉莉科 Nyctaginaceae

29 Achatocarpaceae

30 粟米草科 Molluginaceae

31 番杏科 Aizoaceae

（2）马齿苋亚目 Portulacineae

32 马齿苋科 Portulacaceae

33 落葵科 Basellaceae

（3）石竹亚目 Caryophllineae

34 石竹科 Caryophyllaceae

（4）藜亚目 Chenopodiineae

35 Dysphaniaceae

36 藜科 Chenopodiaceae

37 苋科 Amaranthaceae

（5）刺戟亚目 Didiereineae

38 刺戟科 Didiereaceae

14 仙人掌目 Cactales

39 仙人掌科 Cactaceae

15 木兰目 Magnoliales

（1）木兰群

40 木兰科 Magnoliaceae

41 单心木兰科 Degeneriaceae

42 Himantandraceae

43 莽草科 Winteraceae

44 番荔枝科 Annonaceae

45 Eupomatiaceae

46 肉豆蔻科 Myristicaceae

47 Canellaceae

（2）八角茴香群

48 五味子科 Schisandraceae

49 八角茴香科 Illiciaceae

（3）樟群

50 Austrobaileyaceae

51 Trimeniaceae

52 Amborellaceae

53 Monimiaceae

54 腊梅科 Calycanthaceae

55 Gomortegaceae

56 樟科 Lauraceae

57 莲叶桐科 Hernandiaceae

（4）水青树群

58 水青树科 Tetracentraceae

59 昆栏树科 Trochodendraceae

（5）领春木群

60 领春木科 Eupteleaceae

（6）连香树群

61 连香树科 Cercidiphyllaceae

16 毛茛目 Ranunculales

（1）毛茛亚目 Ranunculineae

62 毛茛科 Ranunculaceae

63 小檗科 Berberidaceae

64 大血藤科 Sargentodoxaceae

65 木通科 Lardizabalaceae

66 防己科 Menispermaceae

（2）睡莲亚目 Nymphaeineae

67 睡莲科 Nymphaeaceae

68 金鱼藻科 Ceratopyllaceae

17 胡椒目 Piperales

69 三白草科 Saururaceae

70 胡椒科 Piperaceae

71 金粟兰科 Chloranthaceae

72 Lactoridaceae

18 马兜铃目 Aristolochiales

73 马兜铃科 Aristolochiaceae

74 大花草科 Rafflesiaceae

75 Hydnoraceae

19 藤黄目 Guttiferales

（1）第伦桃亚目（五桠果）Dilleniineae

76 第伦桃科（五桠果）Dilleniaceae

77 芍药科 Paeoniaceae

78 Crossosomataceae

79 Eucryphiaceae

80 Medusagynaceae

81 猕猴桃科 Actinidiaceae

（2）金莲木亚目 Ochnineae

82 金莲木科 Ochnaceae

83 Dioncophyllaceae

84 Strasburgeriaceae

85 龙脑香科 Dipterocarpaceae

（3）茶亚目 Theineae

86 山茶科 Theaceae

87 Caryocaraceae

88 Marcgraviaceae

89 Quiinaceae

90 藤黄科 Guttiferae

（4）钩枝藤亚目 Ancistrocladineae

91 钩枝藤科 Ancistrocladaceae

20 瓶子草目 Sarraceniales

92 瓶子草科 Sarraceniaceae

93 猪笼草科 Nepenthaceae

94 茅膏菜科 Droseraceae

21 罂粟目 Papaverales

（1）罂粟亚目 Papaverineae

95 罂粟科 Papaveraceae

罂粟亚科 Papaveroideae

角茴香亚科 Hypecooideae

荷包牡丹亚科 Fumarioideae

（2）白花菜亚目 Capparineae

96 白花菜科 Capparidaceae

97 十字花科 Cruciferae

98 Tovariaceae

（3）木犀草亚目 Resedineae

99 木犀草科 Resedaceae

（4）辣木亚目 Moringineae

100 辣木科 Moringaceae

22 肉穗果目 Batales

101 肉穗果科 Bataceae

23 蔷薇目 Rosales

（1）金缕梅亚目 Hamamelidineae

102 悬铃木科 Platanaceae

103 金缕梅科 Hamamelidaceae

104 Myrothamnaceae

（2）虎耳草亚目 Saxifragineae

105 景天科 Crassulaceae

106 澳洲瓶子草科 Cephalotaceae

107 虎耳草科 Saxifragaceae

108 Brunelliaceae

109 Cunoniaceae

110 Davidsoniaceae

111 海桐花科 Pittosporaceae

112 Byblidaceae

113 Roridulaceae

114 Bruniaceae

（3）蔷薇亚目 Rosineae

115 蔷薇科 Rosaceae

绣线菊亚科 Spiraeoideae

蔷薇亚科 Rosoideae

苹果亚科 Maloideae

梅亚科 Prunoideae

116 Neuradaceae

117 Chrysobalanaceae

（4）豆亚目 Leguminosineae

118 牛栓藤科 Connaraceae

119 豆科 Leguminosae

含羞草亚科 Mimosoideae

苏木亚科（云实）Caesalpinioideae

蝶形花亚科 Papilionoideae

120 Krameriaceae

24 水穗草目 Hydrostachyales

121 水穗草科 Hydrostachyaceae

25 河苔草目（川苔草）Podostemales

122 河苔草科（川苔草）Podostemaceae

26 牻牛儿苗目 Geraniales

（1）沼花亚目 Limnanthineae

123 沼花科 Limnanthaceae

（2）牻牛儿苗亚目 Geraniineae

124 酢浆草科 Oxalidaceae

125 牻牛儿苗科 Geraniaceae

126 旱金莲科 Tropaeolaceae

127 蒺藜科 Zygophyllaceae

128 亚麻科 Linaceae

129 古柯科 Erythroxylaceae

（3）大戟亚目 Euphorbiineae

130 大戟科 Euphorbiaceae

131 交让木科 Daphniphyllaceae

27 芸香目 Rutales

（1）芸香亚目 Rutineae

132 芸香科 Rutaceae

133 Cneoraceae

134 苦木科 Simaroubaceae

135 Picrodendraceae

136 橄榄科 Burseraceae

137 楝科 Meliaceae

138 Akaniaceae

（2）金虎尾亚目 Malpighiineae

139 金虎尾科 Malpighiaceae

140 Trigoniaceae

141 Vochysiaceae

（3）远志亚目 Polygalineae

142 Tremandraceae

143 远志科 Polygalaceae

28 无患子目 Sapindales

（1）马桑亚目 Coriariineae

144 马桑科 Coriariaceae

（2）漆树亚目 Anacardiineae

145 漆树科 Anacardiaceae

（3）无患子亚目 Sapindineae

146 槭树科 Aceraceae

147 钟萼木科（伯乐树）Bretschneideraceae

148 无患子科 Sapindaceae

149 七叶树科 Hippocastanaceae

150 清风藤科 Sabiaceae

151 Melianthaceae

152 Aextoxicaceae

（4）凤仙花亚目 Balsamineae

153 凤仙花科 Balsamaceae

29 朱丽安目（三柱）Julianiales

154 三柱科 Julianiaceae

30 卫矛目 Celastrales

（1）卫矛亚目 Celastineae

155 Cryillaceae

156 五列木科 Pentaphylacaceae

157 冬青科 Aquifoliaceae

158 Corynocarpaceae

159 Pandaceae

160 卫矛科 Celastraceae

161 省沽油科 Staphyleaceae

162 Stackhousiaceae

163 翅子藤科 Hippocrateaceae

164 刺茉莉科 Salvadoraceae

（2）黄杨亚目 Buxineae

165 黄杨科 Buxaceae

（3）茶茱萸亚目 Icacinineae

166 茶茱萸科 Icacinaceae

167 心翼果科 Cardiopteridaceae

31 鼠李目 Rhamnales

168 鼠李科 Rhamnaceae

169 葡萄科 Vitaceae/ Ampelidaceae

170 火筒树科 Leeaceae

32 锦葵目 Malvales

（1）杜英亚目 Elaeocarpineae

171 杜英科 Elaeocarpaceae

（2）Sarcolaenineae

172 Sarcolaenaceae

（3）锦葵亚目 Malvineae

173 锦葵科 Malvaceae

174 椴树科 Tiliaceae

175 木棉科 Bombacaceae

176 梧桐科 Sterculiaceae

（4）Scytopetalineae

177 Scytopetalaceae

33 瑞香目 Thymelaeales

178 Geissolomataceae

179 Penaeaceae

180 毒鼠子科 Dichapetalaceae

181 瑞香科 Thymelaeaceae

182 胡颓子科 Elaeagnaceae

34 堇菜目 Violales

（1）大风子亚目 Flacourtiineae

183 大风子科 Flacouriaceae

184 Perdiscaceae

185 堇菜科 Violaceae

186 旌节花科 Stachyuraceae

187 Scyphostegiaceae

188 Turneraceae

189 Malesherbiaceae

190 西番莲科 Passifloraceae

191 Achariaceae

（2）半日花亚目 Cistineae

192 半日花科 Cistaceae

193 红木科 Bixaceae

194 Sphaerosepalaceae

195 Cochlospermaceae

（3）柽柳亚目 Tamaricineae

196 柽柳科 Tamaricaceae

197 瓣鳞花科 Frankeniaceae

198 沟繁缕科 Elatinaceae

（4）番木瓜亚目 Caricineae

199 番木瓜科 Caricaceae

（5）刺莲花亚目 Loasineae

200 刺莲花科 Loasaceae

（6）秋海棠亚目 Begoniineae

201 四数木科 Datiscaceae

202 秋海棠科 Begoniaceae

35 葫芦目 Cucurbitales

203 葫芦科 Cucurbitaceae

36 桃金娘目 Myrtales

（1）桃金娘亚目 Myrtineae

204 千屈菜科 Lythraceae

205 菱科 Trapaceae

206 隐翼科 Cryteroniaceae

207 桃金娘科 Myrtaceae

208 Dialypetalanthaceae

209 海桑科 Sonneratiaceae

210 石榴科 Punicaceae

211 玉蕊科 Lecythidaceae

212 野牡丹科 Melastomataceae

213 红树科 Rhizophoraceae

214 使君子科 Combretaceae

215 柳叶菜科 Onagraceae

216 Oliniaceae

217 小二仙草科 Haloragaceae

218 假繁缕科 Theligonaceae

（2）杉叶藻亚目 Hippuridineae

219 杉叶藻科 Hippuridaceae

（3）锁阳亚目 Cynomoriineae

220 锁阳科 Cynomoriaceae

37 伞形目 Umbellales/Apiales

221 八角枫科 Alangiaceae

222 蓝果树科 Nyssaceae

223 珙桐科 Davidiaceae

224 山茱萸科 Cornaceae

225 Garryaceae

226 五加科 Araliaceae

227 伞形科 Umbelliferae/Apiaceae

B　合瓣花亚纲 Sympetalae

38 岩梅目 Diapensiales

228 岩梅科 Diapensiaceae

39 杜鹃花目 Ericales

229 山柳科 Clethraceae

230 鹿蹄草科 Pyrolaceae

231 杜鹃花科 Ericaceae

232 岩高兰科 Empetraceae

233 Epacridaceae

40 报春花目 Primulales

234 Theophrastaceae

235 紫金牛科 Myrsinaccac

236 报春花科 Primulaceae

41 蓝雪目 Plumbaginales

237 蓝雪科（白花丹科）Plumbaginaceae

42 柿树目 Ebenales/ Diospyrales

（1）山榄亚目 Sapotineae

238 山榄科 Sapotaceae

239 肉实树科 Sarcospermataceae

（2）柿树亚目 Ebenineae

240 柿树科 Ebenaceae /Diospyraceae

241 野茉莉科（安息香科）Styracaceae

242 Lissocarpaceae

243 山矾科 Symplocaceae

244 Hoplestigmataceae

43 木犀目 Oleales

245 木犀科 Oleaceae

44 龙胆目 Gentianales

246 马钱科 Loganiaceae

247 Desfontainiaceae

248 龙胆科 Gentianales

249 睡菜科 Menyanthaceae

250 夹竹桃科 Apocynaceae

251 萝摩科 Asclepiadaceae

252 茜草科 Rubiaceae

45 管花目 Tubiflorae

（1）旋花亚目 Convolvulineae

253 花荵科 Polimoniaceae

254 Fouquieriaceae

255 旋花科 Convolvulaceae

（2）紫草亚目 Boraginineae

256 田基麻科 Hydrophyllaceae

257 紫草科 Boraginaceae

258 Lennoaceae

(3)马鞭草亚目 Verbenineae

259 马鞭草科 Verbenaceae

260 水马齿科 Callitrichaceae

261 唇形科 Labiatae，Lamiaceae

(4)茄亚目 Solanineae

262 Nolanaceae

263 茄科 Solanaceae

264 Duckeodendraceae

265 醉鱼草科 Buddlejaceae

266 玄参科 Scrophulariaceae

267 Globulariaceae

268 紫葳科 Bignoniaceae

269 Henriqueziaceae

270 爵床科 Acanthaceae

271 胡麻科 Pedaliaceae

272 角胡麻科 Martyniaceae

273 苦苣苔科 Gesneriaceae

274 Columelliaceae

275 列当科 Orobanchaceae

276 狸藻科 Lentibulariaceae

(5)苦槛蓝亚目 Myoporineae

277 苦槛蓝科 Myoporaceae

(6)透骨草亚目 Phrymineae

278 透骨草科 Phrymaceae

46 车前目 Plantaginales

279 车前草科 Plantaginaceae

47 川断续目 Dipsacales

280 忍冬科 Caprifoliaceae

281 五福花科 Adoxaceae

282 败酱科 Valerianaceae

283 川断续科 Dipsacacea

48 钟花目（桔梗目）Campanulales

284 桔梗科 Campanulaceae

285 Sphenocleaceae

286 Pentaphragmataceae

287 草海桐科 Goodeniaceae

288 Brunoniaceae

289 花柱草科 Stylidiaceae

290 Calyceraceae

291 菊科 Compositae/Asteraceae

筒状花亚科 Asteroideae

舌状花亚科 Lactucoideae

Ⅱ 单子叶植物纲 Monocotyledoneae

49 沼生目 Helobieae

(1)泽泻亚目 Alismatineae

292 泽泻科 Alismataceae

293 花蔺科（蓩荲）Butomaceae

(2)水鳖亚目 Hydrocharitineae

294 水鳖科 Hydrocharitaceae

(3)芝菜亚目（冰沼草）Scheuchzeriineae

295 芝菜科（冰沼草）Scheuchzeriaceae

(4)眼子菜亚目 Potamogetonineae

296 水蕹科 Aponogetonaceae

297 水麦冬科 Juncaginaceae

298 眼子菜科 Potamogetonaceae

299 Zannichelliaceae

300 茨藻科 Najadaceae

50 霉草目 Triuridales

301 霉草科 Triuridaceae

51 百合目 Liliflorae/Liliales

(1)百合亚目 Liliineae

302 百合科 Liliaceae

303 Xanthorrhoeaceae

304 百部科 Stomonaceae

305 龙舌兰科 Agavaceae

306 仙茅科 Haemodoraceae

307 Cyanastraceae

308 石蒜科 Amaryllidaceae

309 Hypoxidaceae

310 Velloziaceae

311 蒟蒻薯科 Taccaceae

312 薯蓣科 Dioscoreaceae

(2)雨久花亚目 Pontederiineae

313 雨久花科 Pontederiaceae

(3)鸢尾亚目 Iridineae

314 鸢尾科 Iridaceae

315 Geosiridaceae

(4)水玉簪亚目 Burmanniineae

316 水玉簪科 Burmaniaceae

317 Corsiaceae

(5)田葱亚目 Philydrineae

318 田葱科 Philydraceae

52 灯芯草目 Juncales

319 灯芯草科 Juncaceae

320 Thurniaceae

53 凤梨目 Bromeliales

321 凤梨科 Bromeliaceae

54 鸭跖草目 Commelinales

（1）鸭跖草亚目 Commelinieae

322 鸭跖草科 Commelinaceae

323 Mayacaceae

324 黄谷精草科 Xyridaceae

325 Rapateaceae

（2）谷精草亚目 Eriocaulineae

326 谷精草科 Eriocaulaceae

（3）帚灯草亚目 Restionineae

327 帚灯草科 Restionaceae

328 刺鳞草科 Centrolepidaceae

（4）须叶藤亚目 Flagellariineae

329 须叶藤科 Flagellariaceae

55 禾本目 Graminales/Poales

330 禾本科 Gramineae/Poaceae

竹亚科 Bambusoideae

禾亚科 Agrostidoideae

或竹亚科 Bambusoideae

稻亚科 Oryzeae

黍亚科 Panicoideae

或竹亚科 Bambusoideae

稻亚科 Oryzeae

黍亚科 Panicoideae

早熟禾亚科 Pooideae

画眉草亚科 Eragrostidoideae

或竹亚科 Bambusoideae

黍亚科 Panicoideae

早熟禾亚科 Pooideae

芦竹亚科 Arundinoideae

Centostecoideae

虎尾草亚科 Chloridoideae

针茅亚科 Stipoideae

56 棕榈目 Palmales/Arecales

331 棕榈科 Palmae/Arecaceae

57 合蕊目 Synanthae

332 合蕊科 Cyclanthaceae

58 佛焰花目 Spathiflorae

333 天南星科 Araceae

334 浮萍科 Lemnaceae

59 露兜树目 Pandanales

335 露兜树科 Pandanaceae

336 黑三棱科 Sparganiaceae

337 香蒲科 Typhaceae

60 莎草目 Cyperales

338 莎草科 Cyperaceae

61 姜目（蘘荷目）Zingiberales/Scitamineae

339 芭蕉科 Musaceae

340 姜科 Zingiberaceae

341 美人蕉科 Cannaceae

342 竹芋科 Marantaceae

343 兰花蕉科 Lowiaceae

62 兰目（微子目）Orchidales/Microspermae

344 兰科 Orchidaceae

双雄蕊亚科 Diandroideae

单雄蕊亚科 Monandroideae

注　释

i　7 荨麻目（Urticales）的 13 桑科（Moraceae）、14 荨麻科（Urticaceae）之间或应有大麻科（Cannabaceae）

ii　13 中子目（Centrospermae）原书附录有一科 Didiereaceae

iii　54 鸭跖草目（Commelinales）的（2）谷精草亚目（Eriocaulineae）原书作 Eriocaulinineae，疑有误

iv　302 百合科（Liliaceae）后来分出延龄草科（Trilliaceae）、无叶莲科（Petrosaviaceae）等

v　340 姜科（Zingiberaceae）中的闭鞘姜属（Costua）后来分作闭鞘姜科（Costaceae）

术 语 图 解

Illustration of Terminology

根、茎的形态和类型

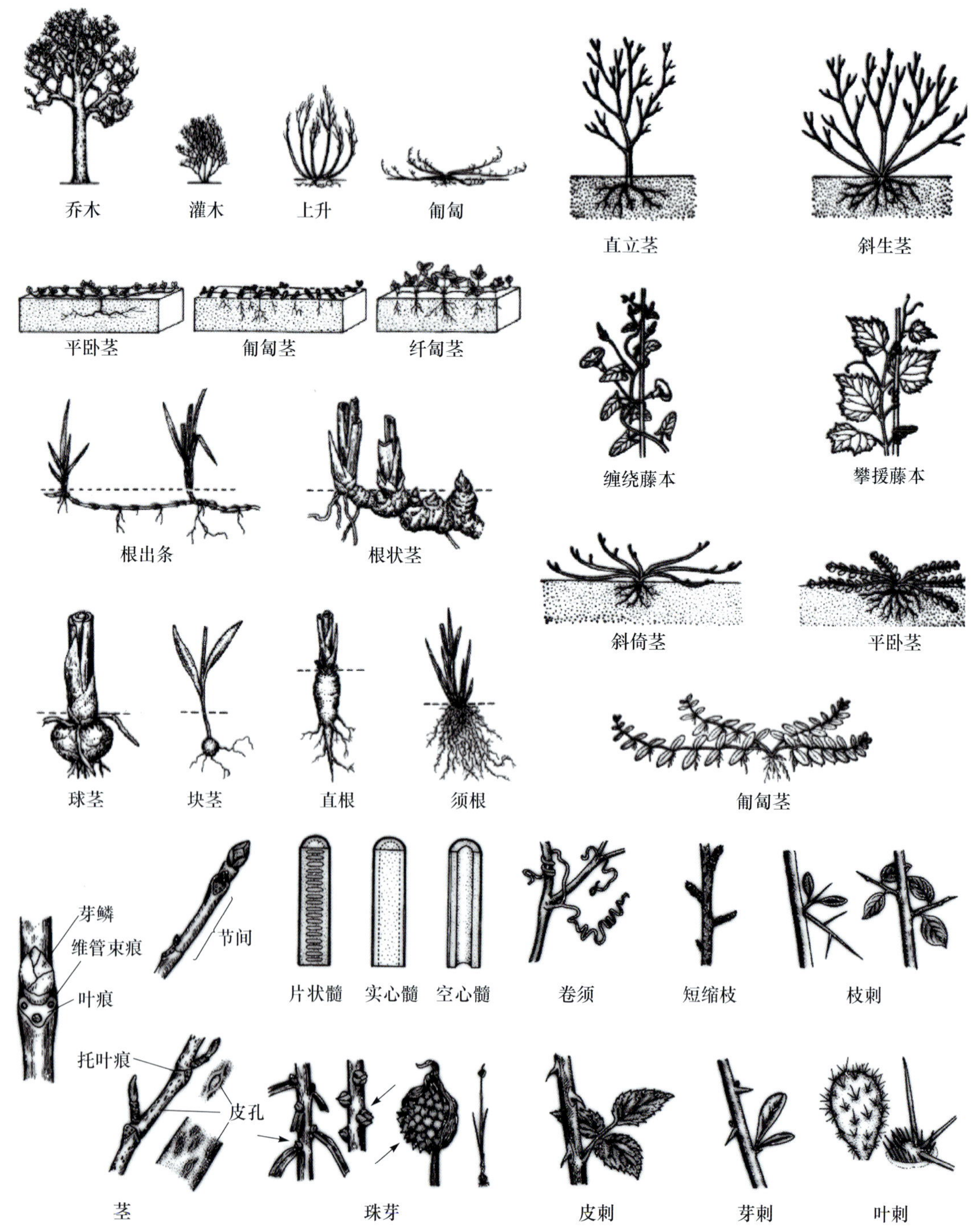

叶的形态和类型

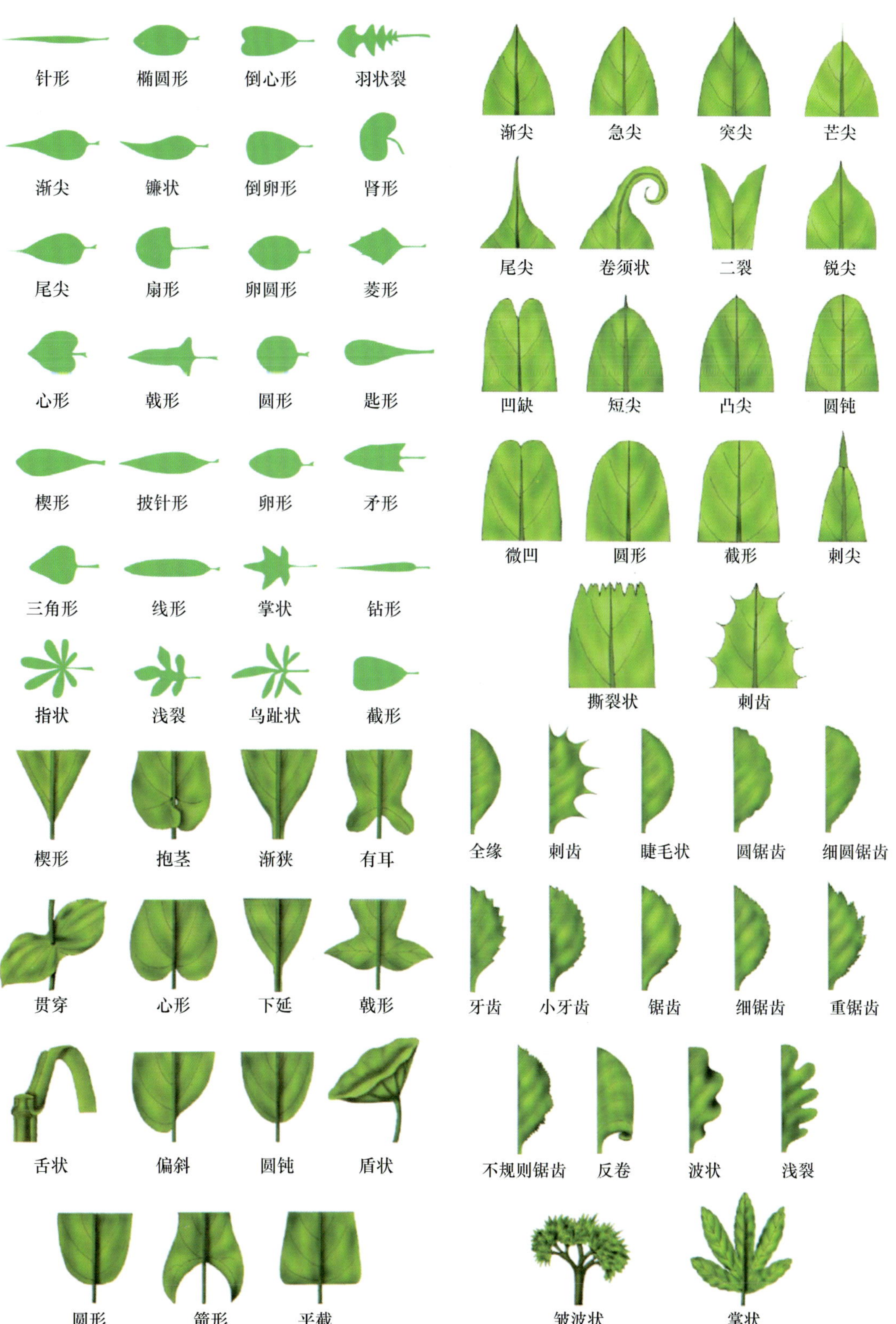
针形
椭圆形
倒心形
羽状裂
渐尖
镰状
倒卵形
肾形
尾尖
扇形
卵圆形
菱形
心形
戟形
圆形
匙形
楔形
披针形
卵形
矛形
三角形
线形
掌状
钻形
指状
浅裂
鸟趾状
截形
渐尖
急尖
突尖
芒尖
尾尖
卷须状
二裂
锐尖
凹缺
短尖
凸尖
圆钝
微凹
圆形
截形
刺尖
撕裂状
刺齿
楔形
抱茎
渐狭
有耳
全缘
刺齿
睫毛状
圆锯齿
细圆锯齿
贯穿
心形
下延
戟形
牙齿
小牙齿
锯齿
细锯齿
重锯齿
舌状
偏斜
圆钝
盾状
不规则锯齿
反卷
波状
浅裂
圆形
箭形
平截
皱波状
掌状

叶脉和叶着生位置的形态和类型

叶的结构和类型

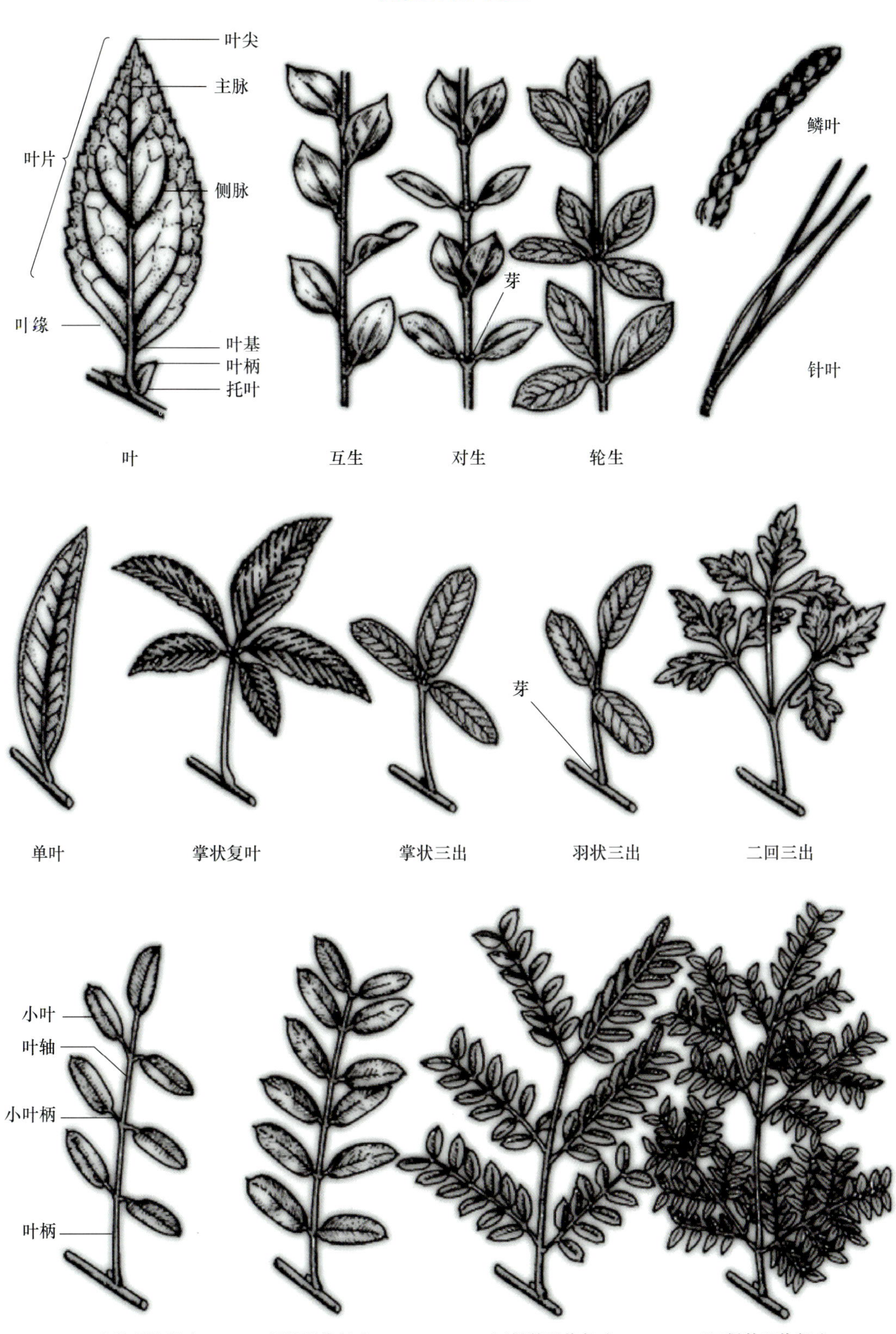

叶尖
主脉
叶片
侧脉
叶缘
叶基
叶柄
托叶
叶
芽
互生
对生
轮生
鳞叶
针叶
单叶
掌状复叶
掌状三出
芽
羽状三出
二回三出
小叶
叶轴
小叶柄
叶柄
奇数羽状复叶
偶数羽状复叶
二回偶数羽状复叶
三回偶数羽状复叶

花的结构和类型

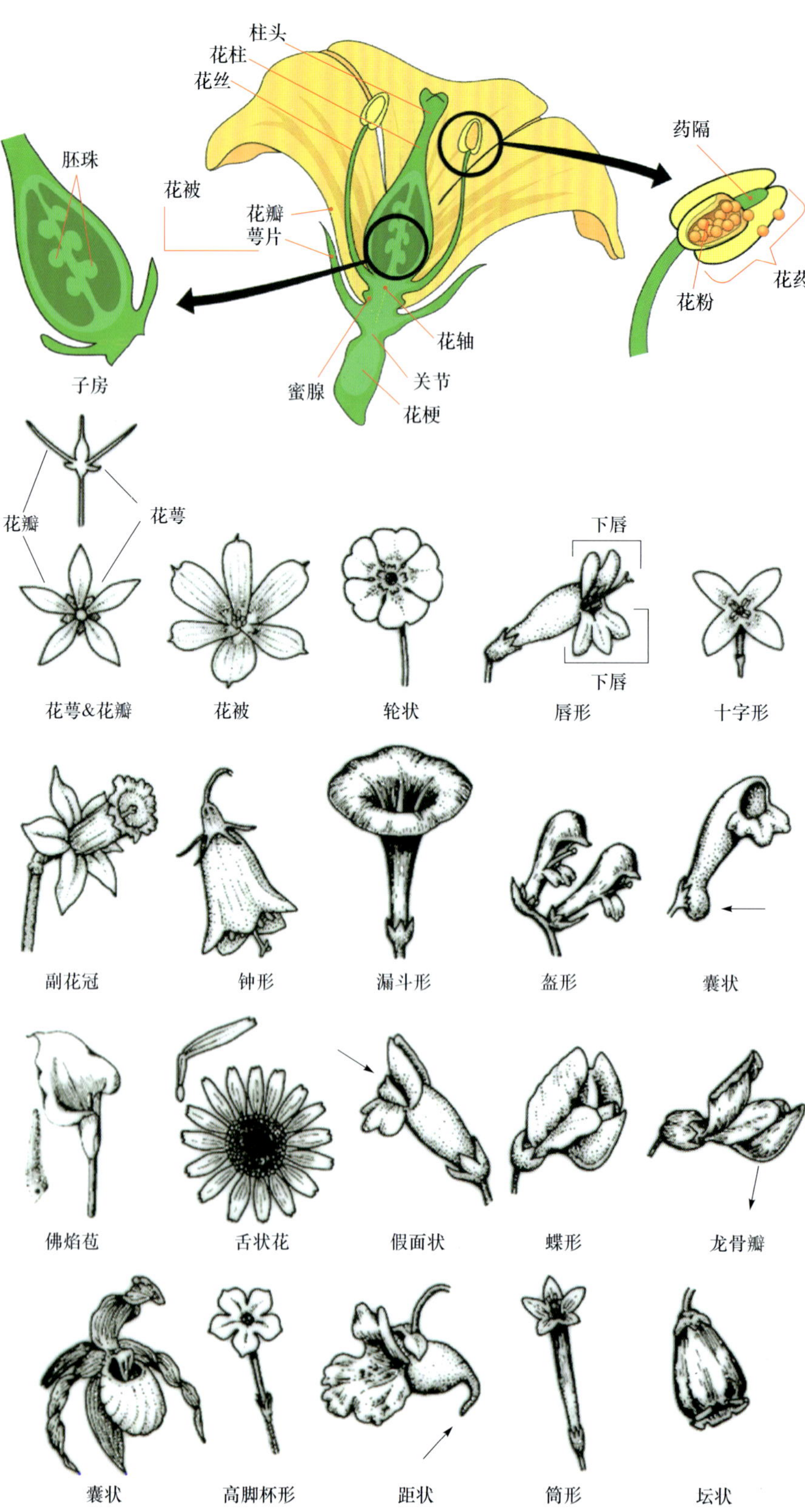
柱头
花柱
花丝
药隔
胚珠
花被
花瓣
萼片
花药
花粉
花轴
子房
关节
蜜腺
花梗
花瓣
花萼
下唇
下唇
花萼&花瓣
花被
轮状
唇形
十字形
副花冠
钟形
漏斗形
盔形
囊状
佛焰苞
舌状花
假面状
蝶形
龙骨瓣
囊状
高脚杯形
距状
筒形
坛状

花序的形态和类型

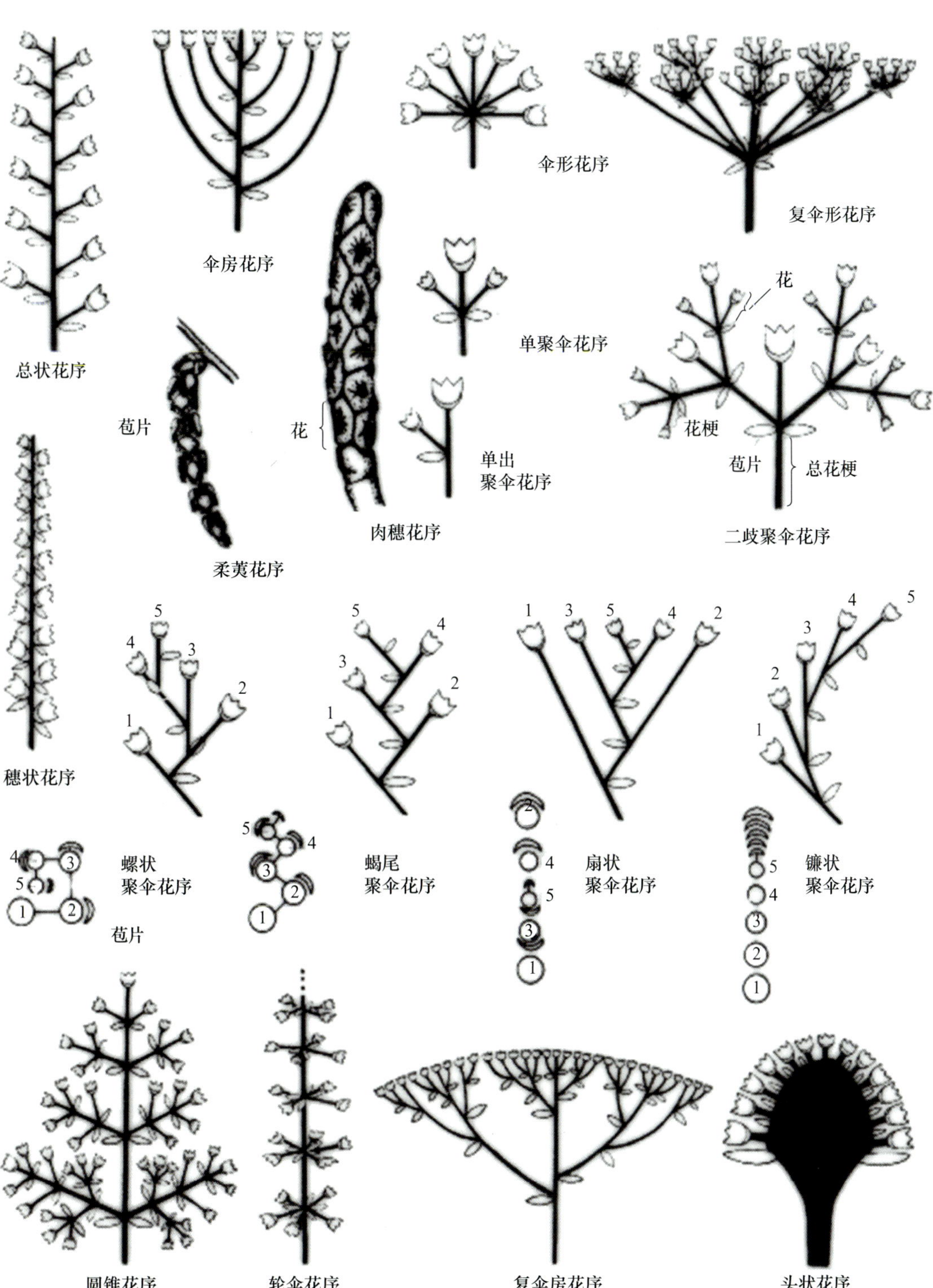
总状花序
伞房花序
伞形花序
复伞形花序
苞片
柔荑花序
花
肉穗花序
单聚伞花序
单出
聚伞花序
花
花梗
苞片
总花梗
二歧聚伞花序
穗状花序
螺状
聚伞花序
苞片
蝎尾
聚伞花序
扇状
聚伞花序
镰状
聚伞花序
圆锥花序
轮伞花序
复伞房花序
头状花序

兰科植物花的结构

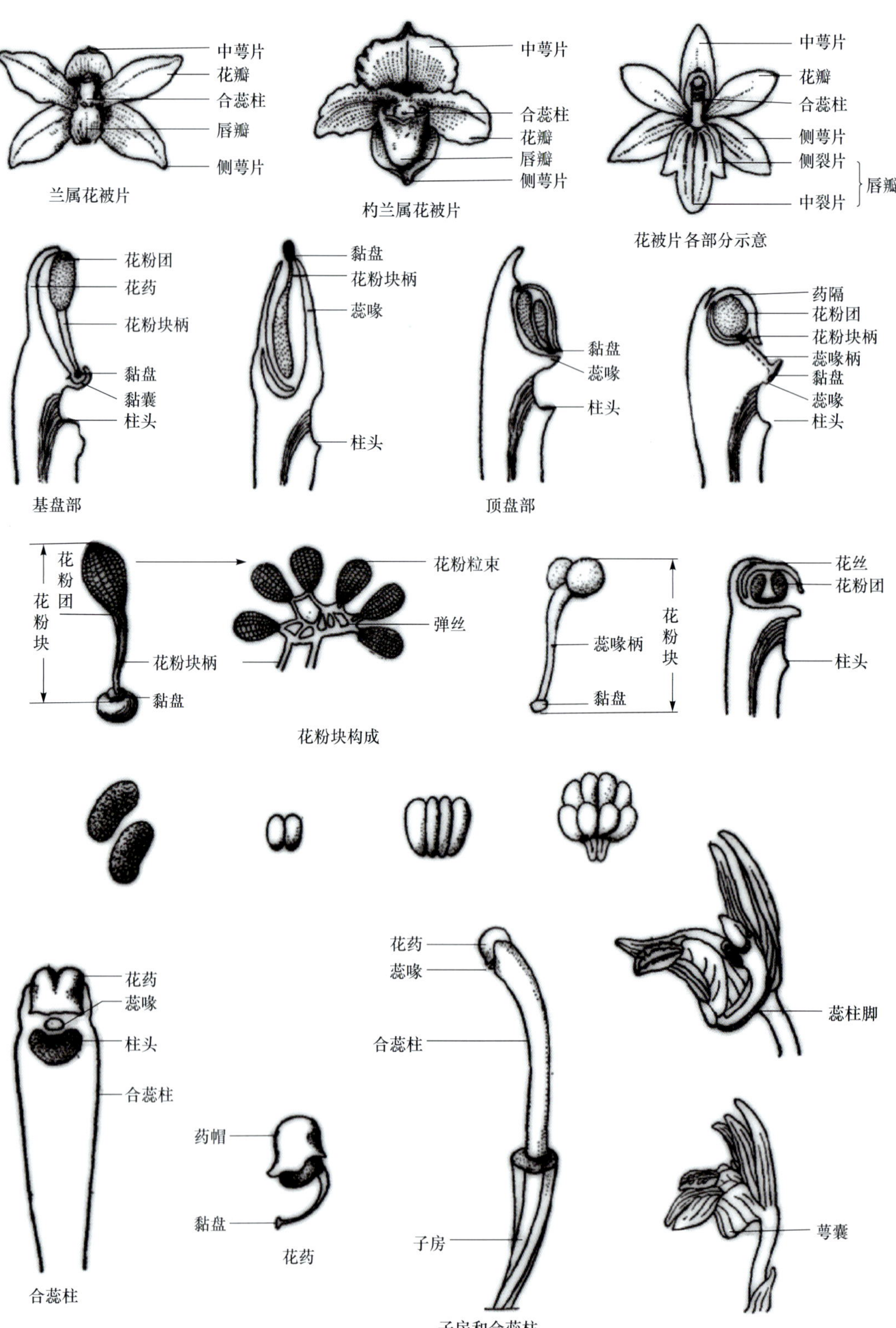
中萼片
花瓣
合蕊柱
唇瓣
侧萼片
兰属花被片
中萼片
合蕊柱
花瓣
唇瓣
侧萼片
杓兰属花被片
中萼片
花瓣
合蕊柱
侧萼片
侧裂片
中裂片
唇瓣
花被片各部分示意
花粉团
花药
花粉块柄
黏盘
黏囊
柱头
基盘部
黏盘
花粉块柄
蕊喙
柱头
黏盘
蕊喙
柱头
顶盘部
药隔
花粉团
花粉块柄
蕊喙柄
黏盘
蕊喙
柱头
花粉团
花粉块
花粉块柄
黏盘
花粉粒束
弹丝
花粉块构成
蕊喙柄
黏盘
花粉块
花丝
花粉团
柱头
花药
蕊喙
合蕊柱
蕊柱脚
花药
蕊喙
柱头
合蕊柱
药帽
黏盘
花药
子房
萼囊
合蕊柱
子房和合蕊柱

禾本科植物花的结构和竹亚科根和茎的结构

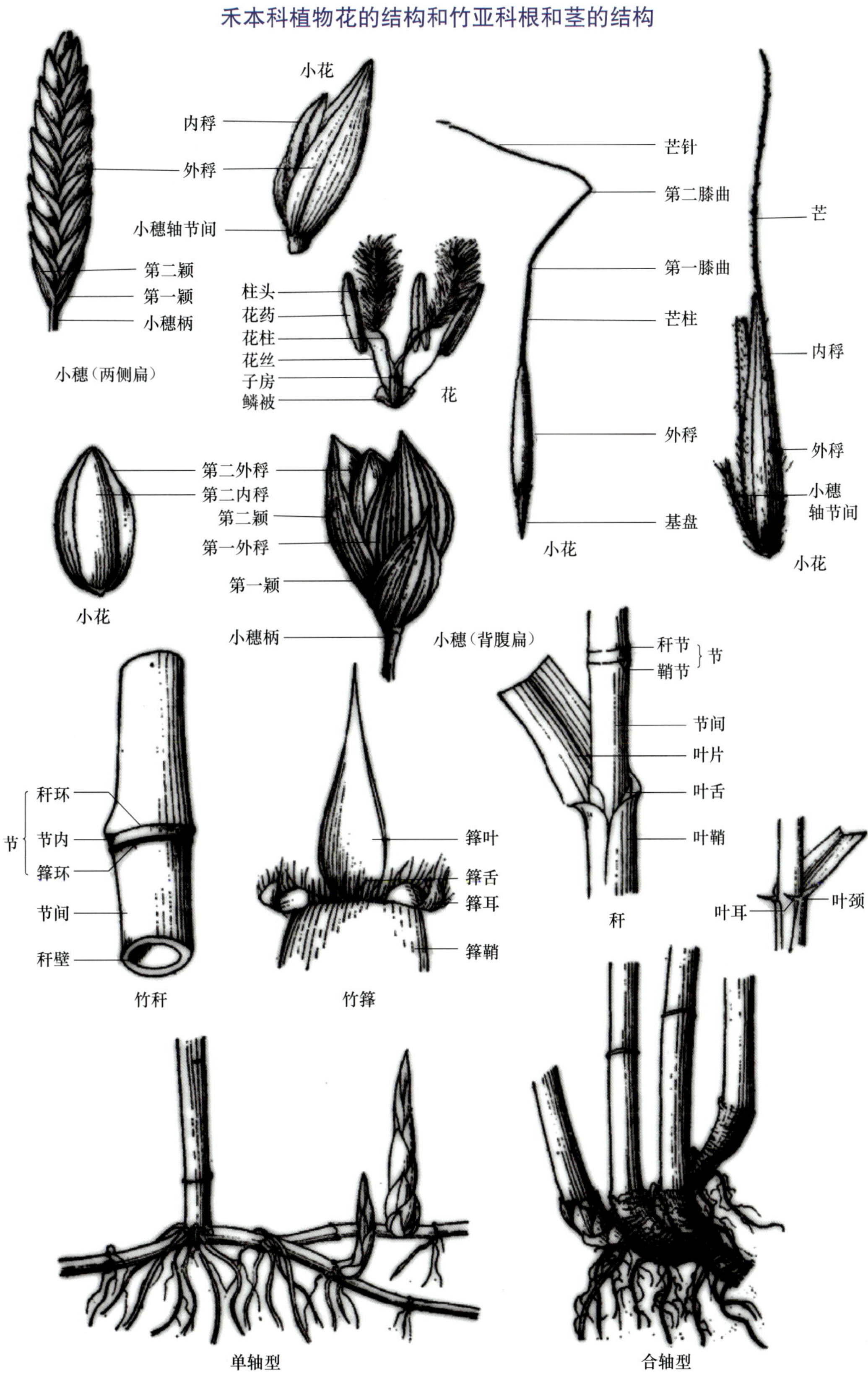

果实的类型

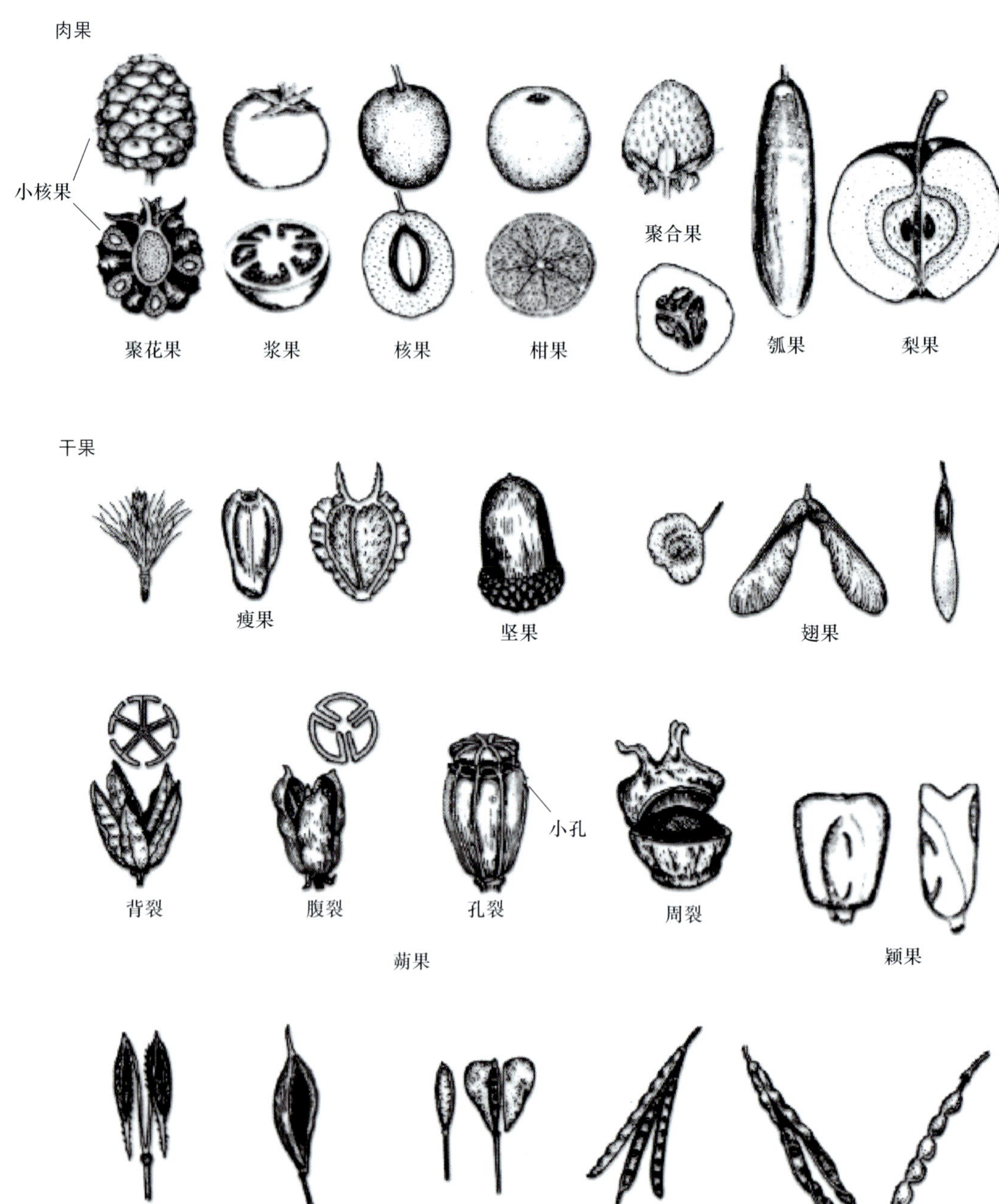
肉果
小核果
聚花果
浆果
核果
柑果
聚合果
瓠果
梨果
干果
瘦果
坚果
翅果
小孔
背裂
腹裂
孔裂
周裂
蒴果
颖果
双悬果
蓇葖果
短角果
长角果
荚果
节荚果